정원도시 樂^락

정원도시락(樂)

정원이 일상으로, 일상이 정원으로

초판 1쇄 펴낸날 2025년 12월 16일

지은이 이수연, 온수진

펴낸이 박명권

펴낸곳 도서출판 한숲 | **신고일** 2013년 11월 5일 | **신고번호** 제2014-000232호

주소 서울특별시 서초구 방배로 143, 2층

전화 02-521-4626 | **팩스** 02-521-4627 | **전자우편** landscape@lak.co.kr

편집 남기준 | **디자인** 팽선민 | **사진** 유청오

출력·인쇄 한결그래픽스

ISBN 979-11-87511-48-9 93520

※ 파본은 교환하여 드립니다.

값 14,000원

정원도시 樂 락

이수연·온수진 지음

한숲

정원은
제도가 아니라 삶이다

2024년 1월, 서울시 푸른도시여가국장(2024년 7월 1일자로 정원도시국으로 명칭 변경)으로 발령 받았습니다. 예상치 못한 인사발령이었습니다. 산림자원학을 전공했지만, 이런저런 사정으로 행정고시를 통해 서울시에 근무한 지 28년 만이었죠. 물론 2021년부터 1년 반 동안 서울대공원장을 역임하면서 공원 운영을 넘어 경영에 이르러야 한다는 신념을 갖게 되었고, 서울대공원 전체를 '꽃의 숲'으로 바꾸는 대형 프로젝트를 시행한 경험은 있었지만, 푸른도시여가국장은 또 다른 도전이었습니다.

우선 오세훈 서울시장님이 2023년 5월 직접 발표한 '정원도시 서울' 구상을 구체화하고 공격적으로 추진하는 것이 최우선 소임이라 생각했습니다. 그래서 2026년 말까지 서울시내 곳곳에 매력·동행정원 1,007개소를 조성하겠다는 계획을 2024년 3월 발표했습니다. '정원도시 서울' 구상의 액션플랜이 된 것이죠. 서울시의 슬로건이던 동행·매력특별시의 단어를 차용했는데, '매력정원'은 서울시 모든 공간에 매력적인 정원을 조성하고 관리해 나가겠다는 다짐이며, '동행정원'은 정원을 만들고 가꾸는 데 사회적 약자를 비롯한 모든 서울시민들이 참여할 수 있도록 하겠다는 의지입니다. 서울시뿐 아니라 25개 자치구에서도 열정적으로 나서준 결과, '매력·동행정원 사업'은 목표했던 2026년 말에서 1년을 앞당겨, 2025년 10월 말 기준 1,010개소를 조성 완료하였고, 지속적으로 확대되는 중입니다.

이러한 성과의 바탕이 된 것은 무엇보다 '조직 내부의 소통과 신뢰'였습니다. 이를 위해서는 카카오톡 단체대화방인 '매력가든 조성방'을 이야기하지 않을 수 없는데, 2025

년 11월 현재 747명이 참여하고 있는 이 단체대화방에는 서울시 정원도시국의 거의 모든 직원과 25개 자치구 공원녹지 및 정원 관련 부서의 주요 구성원이 모두 포함되어 있습니다. 물론 시급한 요청도 담기지만, 언론보도를 비롯한 정원도시 분야의 국내외 정보를 나누고, 각 기관별 추진 성과를 공유합니다. 처음부터 3원칙을 천명했는데, 9~6시 근무시간을 지킬 것, 정치·종교 등 사적 내용이 아닌 공적 내용을 팩트 중심으로만 간략히 공유할 것, 마지막으로 그럼에도 불구하고 시민의 안녕과 재난에 관한 사항은 24시간 365일 공유한다는 것이었습니다. 단 한푼의 예산도 투입되지 않았지만 이 소통 시스템을 통해 이룬 것은 너무나 크고 많았기도 하거니와, 이처럼 많은 구성원이 함께 있음에도 조금의 잡음도 없이 유지되고 있는 점에 대해 다시 한 번 감사드립니다.

정원도시국은 산하에 7개의 과(정원도시정책과, 공원여가사업과, 공원조성과, 조경과, 자연생태과, 동물보호과, 산지방재과)와 5개의 현장 조직(동부공원여가센터, 중부공원여가센터, 서부공원여가센터, 북부공원여가센터, 서울식물원)이 있는 데다, 서울시 전체 면적의

1/3을 담당하는 무척 거대한 조직입니다. 공원용지 보상부터 공원 조성 및 관리, 가로수와 가로정원 등 녹지 조성 및 관리, 산불과 산사태 대비까지 하드웨어를 다루는 업무도 많지만, 시민정원사와 마을정원사를 양성하고, 도시민의 마음을 치유하는 정원처방부터 자연생태계를 지키는 다양한 활동과 반려동물 복지까지 챙겨야 하는 다양하고 복잡다단한 업무가 총망라되어 있습니다. '가지 많은 나무에 바람 잘 날 없다'는 격언처럼 늘상 발생하는 사건, 사고와 민원 등으로 정신없는 상황이었지만, '정원도시 서울'을 조속히 달성하기 위해서 좀 더 혁신적인 사업 기획 및 추진이 필요하다고 판단했습니다.

이러한 상황에서 가장 많은 노력을 쏟아 부은 사업은 서울국제정원박람회였습니다. 발령이 나자마자 당장 넉 달 앞으로 다가온 2024 서울국제정원박람회를 제 궤도에 올릴 수 있도록 시급히 챙겨야 했습니다. 뚝섬한강공원 한쪽에서 아기자기하게 진행하겠다는 부서를 설득해 20만㎡ 전체를 시민대정원으로 조성하는 계획으로 확대했습니다. 모든 인맥을 동원해 다양한 기업, 기관 등이 참여하는 동

행정원 유치에 나섰고, 9개 기업에서 23억 원 상당의 기부
정원을 조성해 주셨습니다. 이외에도 여러 기관 등이 참여
해 주셔서 공원 전체를 정원으로 탈바꿈시킬 수 있었습니
다. 작가정원에 더해 기업정원 등으로 규모가 커지고 정원
조성 수준이 높아지면서 총 780만 명이 방문해 주셨고,
뚝섬한강공원이 확 바뀌었다는 좋은 평가도 받았습니다.
공원 인근 부동산에는 '한강뷰 아파트'라는 기존 홍보 문
구에 '한강뷰+정원뷰 아파트'가 추가되는 등 주변 지역이
뜨겁게 반응해 주신 것도 기억에 남습니다.

2025년에도 시민의 관심은 이어졌습니다. 2025 서울국제
정원박람회 행사장인 보라매공원은 공원녹지가 부족한
서울 서남권의 대표적인 거점 공원이지만, 시설이 많이 노
후하고 조금 심하게 말하면 '큰 나무만 듬성듬성 자라는
운동장'에 가까웠습니다. 25개 기업이 참여해 20개의 기
업정원을 조성해 주셨고, 부산시와 진주시, 서귀포시 등
지자체와 통일부, 국립생태원, 원예특작과학원 등 기관의
참여도 대폭 늘었습니다. 기업, 기관, 지차체의 기부액만
약 50억 원이 넘습니다. 이런 관심과 애정 덕분에 44만㎡

에 달하는 보라매공원 전체를 111개 정원으로 가꿀 수 있었습니다. 플라타너스 아래 나대지에는 다양한 벤치와 평상, 바Bar 타입 휴게시설을 대폭 확충해 시원한 그늘에서 정원박람회를 즐길 수 있도록 했고, 메타몽과 같은 캐릭터 팝업정원은 개막 초기 인기몰이에 큰 역할을 해주었습니다. 11월 2일까지 이어진 행사에 1천만 명이 넘는 방문객이 찾아주셔서 텐밀리언셀러 정책으로 거듭나게 되었고, 서울시의 대표 행사로 완전히 자리매김했습니다.

여기에 그치지 않고 내년 2026년에는 한 단계 더 도약하는 서울국제정원박람회를 준비하고 있습니다. 서울시 최고, 아니 우리나라 최고의 공원이라 할 수 있는 뚝섬 서울숲공원과 현재 서울에서 가장 핫한 성수동을 중심으로 한강, 중랑천, 주변 지역으로 퍼져나가는 정원박람회를 기획하고 있습니다. 이젠 우리나라를 넘어 세계에 내놓을만한 정원박람회를 만드는 것이 목표가 되었습니다. K-문화를 기반으로 스토리가 있는 예술 정원을 조성하고, 이를 전 세계 젊은이들이 꼭 오고 싶도록 만든다면, 케데헌이 보여준 우리나라 문화의 힘을 다시 한 번 선보일 수 있는 좋은 기회가 될 것이라 확신합니다.

서울국제정원박람회만 있는 것이 아닙니다. 중랑구의 '중랑장미축제'도 점점 더 규모와 세련미 면에서 발전하고 있습니다. 서울식물원 '해봄축제'도 자리를 잡았고, 구로구, 영등포구, 양천구 등 자치구별로 진행되는 정원 축제들도 다채로워지고 또 확장되고 있습니다. 여기에 큰 역할을 하시는 분들이 시민정원사와 마을정원사분들입니다. 서울시에서 지난 10년간 양성한 850명의 시민정원사는 2023년 '정원도시 서울' 선언과 맞물리며 도시 변화의 핵심 역량이 되어주고 계십니다. 여기에다 시민정원사는 멘토로서 마을정원사의 폭발적인 증가에도 큰 기둥 역할을 해주고 계십니다. 2025년 말이면 약 1,500명의 마을정원사가 양성될 예정이며, 앞으로 시민정원사와 마을정원사의 활약은 '정원도시 서울'의 중요한 변곡점이 될 것입니다.

정원도시는 하드웨어만으로 달성될 수 없습니다. 치열한 도시의 삶에 위로를 줄 수 있는 정원의 역할에 주목해야 합니다. 정원은 만드는 과정뿐 아니라 관리하는 과정과 이용하는 전 과정이 치유의 과정이기 때문입니다. 정원도시국이 주도하는 '서울형 정원처방' 프로그램에 매년 6만 명 이상이 참여하고 있으며, 이를 위한 거점 역할을 수행하는 정원문화힐링센터 등을 서울시와 자치구에서 지속 확충하는 중입니다.

정원도시 서울에서 한 단계 더 나아가, 집 앞에서 문을 열고 나서면 정원을 만날 수 있는 도시인 '5분 정원도시 서울'을 위해 다양한 가로변 정원 사업도 추진하였습니다. 특히, 보행자나 운전자가 항상 만나는 보도변 가로수 아래의 작은 공간을 '한뼘정원'으로 조성하고, 밋밋했던 띠녹지를 '가로정원'으로, 항상 운전자의 시야만을 배려했던 교통섬을 다채로운 꽃이 계절마다 피어나는 '교통섬정원'으로 변모시켜 나갔습니다. 이러한 노력들로 인해 도심에 벌과 나비가 자주 나타나고, 서울의 가로 경관이 개선되고 있다는 칭찬을 자주 받았습니다. 또 고가 하부, 지하철역, 건물 옥상 및 벽면 등 입체녹화와 수직녹화를 통해 도시 전체의 녹지 면적을 증대시킴으로써, 도시의 열섬 현상을 완화하고 탄소 저감을 위해 부단히 노력하고 있습니다.

특히, 시청 앞 서울광장의 잔디밭을 국산 목재와 한국잔디로 바꾸어 관리 비용을 크게 줄이면서도 목재로 인한 탄소저장 기능을 높인 것이 보람 있었습니다. 더 아름다운 매력정원과 쉼터가 추가되어 시민들의 큰 호응을 얻은 것은 당연한 것이었죠. 남산 하늘숲길, 북측숲길, 한국숲 정원을 조성해 장애인 등의 접근성과 산림 콘텐츠를 제고하고 있으며, 호텔 못지않은 수락산 자연휴양림인 '수락휴'에 이어 관악산 선우지구 일대에도 자연휴양림 조성을 추진 중입니다. 특히 서울둘레길 2.0을 기반으로 용마산, 호암산, 우면산, 봉산 등에 조성되는 산림휴양시설은 서울의 산을 K-콘텐츠의 핵심 자원으로 올려놓을 것으로 기대하고 있습니다.

책 이름은 『정원도시락』이라 붙였습니다. 정원도시가 갖는 즐거움樂을 표현한 것이기도, 도시락을 싸서 즐거이 정원도시로 나들이 나간다는 느낌도 담았습니다. 우리가 이루고자 하는 사회나 도시를 위해 비장함과 치열함도 중요하지만, 좀 즐겁고 여유 있게 다가가는 모습이면 어떨까 싶습니다. 그 간 언론에 기고한 글들을 조금씩 고쳐 썼고, 새롭게 추가하기도 했습니다.

'정원도시'를 말할 때, 우리는 단지 꽃이 많은 도시를 떠올리지 않습니다. 정원은 인프라이자 문화이고, 치유이자 경제이며, 치열한 경쟁과 동시에 공존의 질서입니다. 이 책은 정원을 도시의 주변부나 부속물이 아닌 중심으로 가져오는 대담한 시도를 기록합니다. 반려동물과 함께 떠나는 여행에서부터, 나무의 탄소저장 기능, 공원의 운영 방식 변화, 야생동물과의 공존, 시민정원사라는 새로운 주체의 등장, 그리고 서울국제정원박람회에 이르기까지, 정원도시 서울의 비전과 방법, 사례와 쟁점을 엮어냅니다.

이 책은 "정원"을 제도 이전의 문화, 시설 이전의 관계로 읽어냅니다. 정원을 가꾸는 일은 개인의 취미가 아니라 도시의 건강과 회복력을 키우는 공공의 일이라는 확신이 이 책의 뼈대입니다. 그래서 정원은 병든 도시를 치유하고, 단절된 공동체를 연결하며, 기후위기에 대응하는 가장 일상적이고도 강력한 기술이 됩니다. 나무 한 그루를 심는 일은 탄소를 저장하고, 벌과 나비를 부르는 작은 공생의 실험이며, 아이에게는 배우고 뛰노는 교실이 됩니다. 공원은 더 이상 '관리'의 대상이 아니라 '경영'의 주체가 되고, 의자 하나에도 환대의 철학을 담으며, 상업과 공익, 문화와 생태가 균형을 찾는 방법을 모색합니다.

이 책은 또한 공존의 태도를 정원에서 배웁니다. 반려동물이 마음껏 뛰어놀되 타자를 해치지 않는 규칙, 도심의 비둘기에게 먹이를 주지 않는 시민과의 약속, 야생동물을 멀찍이 바라보며 배려하는 거리두기 등이 그것입니다. 정원은 규제의 목록이 아니라 관계의 문법입니다. 관계의 문법을 배운 도시가 만드는 축제인 서울국제정원박람회는 그간의 성찰과 실험을 집대성한 플랫폼으로서, 서울의 정원문화가 세계와 만나는 문을 엽니다.

무엇보다 이 책의 마무리는 "정원도시는 시스템보다 문화가 먼저"라는 선언으로 끝맺습니다. 제도는 문화의 그릇이어야 하며, 시민의 일상 속 실천이 제도를 앞으로 끌고 갑니다. '모든 시민이 정원사'이고 '정원도시는 정원사의 도시Gardener's City'라는 말은 수사修辭가 아니라 도시 운영체계의 재설계이자 예산의 우선 순위, 교육과 돌봄의 새로운 프레임입니다. 이렇게 만들어지는 정원도시는 느리지만 한 번 뿌리 내리면 쉽게 쓰러지지 않을 것입니다.

각 꼭지가 어떤 문제의식과 흐름으로 쓰였는지, 독자가 어떤 질문을 품고 읽으면 좋을지 조금만 짚어드리고자 합니다.

첫 번째 꼭지인 "정원이 일상으로, 일상이 정원으로"에서는 벌과 나비, 수분생물의 회복을 일상 공간에서 시작함으로써, 골목·학교·옥상·상가의 미세 정원이 도시 생태계를 살리는 것에 대해 '작은 정원'의 정치학으로 설명합니다. "지금, 당신에겐 정원이 필요하다"에서는 정원이 정신건강과 행복, 회복탄력성에 미치는 과학적 근거를 제시하고, 정원은 사치가 아니라 필수 '생활 인프라'임을 강조합니다. "기후위기와 정원을 가꿀 권리"에서는 정원 가꾸기를 시민의 기본권으로 제안하고, 돌봄·교육·복지와 결합된 권리 담론으로 권리-의무-공공성의 균형을 어떻게 설계해야 하는지, 참여를 제도화하는 장치를 고민합니다.

"가장 완벽한 탄소저장고, 나무"에서는 나무·숲의 탄소흡수와 저장 기능, 산불의 피해, 도시 열섬을 다루며 '심기-가꾸기-지키기'의 전 주기 관리가 왜 중요한지 설명하고, "세상 모든 숲도 한 그루 나무에서"에서는 식목일의 역사와 오늘의 의미를 연결합니다. 시민참여 식재, 학교숲, 골목숲 등 '작은 시작'의 힘을 강조하면서, 의례에서 실천으로, 기념일에서 생활로 이동하는 변화를 읽어냅니다.

"반려동물이 마음껏 뛰노는 여행"은 반려 인구의 급증과 함께 나타난 공공공간 사용 갈등을 '공존 규칙'과 '인프라 확충'으로 해소하려는 시도를 설명합니다. 테마파크·놀이터·추모시설까지, 반려의 전 생애를 도시가 어떻게 품을 것인가를 묻습니다.

"도심 속 비둘기와의 공존"에서는 먹이주기 금지와 서식지 관리, 위생·안전 이슈를 데이터로 설명합니다. 공존의 윤리를 '하지 않음'의 실천으로 다루고, 선의가 공공문제를 낳는 역설과 이를 풀어내는 소통 방식을 지목합니다. "야생동물, 바라봐주는 아름다운 공존"에서는 너구리 등 도심 출현 동물과 만났을 때의 행동수칙, 서식공간 보전, 시민교육의 중요성을 설명하면서, 생태적으로 '가까이하지 않음'이 왜 최고의 배려인지 이해를 구합니다.

"관리하는 공원에서 경영하는 공원으로"에서는 '금지의 목록'이 아니라 '환대의 규칙'으로 공원을 운영하려는 전환입니다. 규제 완화, 프로그램, 파트너십, 수익·재투자 모델이 핵심이며, 공원의 공공성과 경제성이 상충이 아니라 상생으로 엮이는 설계 방식을 주목해달라고 주장합니다.

마지막 "봄을 앞당기는 꽃"은 이른 봄 우리에게 봄을 알리는 화관목(꽃이 피는 작은키나무)을 톺아봅니다. 철쭉이 피고 나면 그 이후엔 꽃이 봇물 터지듯 피어납니다. 서울에서 철쭉이 피기 전, 아직 푸른 잎이 돋아나지 않은 시점에 화려한 꽃을 피워 우리에 봄을 선도하는 식물을 꼽아보았습니다.

서울시 녹지직 공무원 중에서 가장 글을 맛깔나게 쓴다고 소문난 온수진 과장의 글은 이전보다 더 큰 정책적 함의를 담고 있습니다. "요즘 공원"에서는 맨발걷기·야외체육시설·반려식물 트렌드를 분석하며, 공원의 이용 문화가 어떻게 진화하는지, 건강·여가·생태가 한데 어우러지는 현장을 담음으로써, 유행을 넘어 지속가능한 생활 습관으로 뿌리내리는 조건을 살핍니다.

"의자에 머무는 공공공간의 환대"에서는 공원, 정원, 공개공지 등 공유공간의 의자 배치·유형·이동성, 노숙인 정책 등 '머무름'을 둘러싼 복합 의제를 다룹니다. 2025년 서울국제정원박람회의 성공적 개최의 바탕에 많은 벤치와 평상 등 앉는 공간의 조성이 이용자들에게 큰 만족감으로 다가왔다는 사실과 연결되는 부분이기도 합니다. 물리적 요소가 사회적 포용과 어떻게 맞물리는지, 디테일의 정치학을 짚어냅니다.

"손에 잡히는 정원도시"는 정원도시가 당초부터 손에 잡히는 것이 아님을 이야기하는 것에서 출발합니다. 개념·원칙을 실제 프로그램과 제도, 운영 매뉴얼로 번역하면서, 하드웨어보다 소프트웨어의 힘을 강조합니다. 도시의 비전이 실행계획으로 내려앉는 언어와 지표를 확인할 수 있습니다. "노벨문학상과 정원도시의 성공방정식"에서는 한강 작가의 노벨문학상 수상과 정영선 조경가, 황지해 정원디자이너 등 최근 영예로운 상을 수상한 작가들을 분석해, 고유성·새로움·치열함·시대성이라는 네 축으로 도시의 문화적 경쟁력을 해석합니다. 이를 통해 '정원도시, 서울'에 적용할 수 있는 '문화 전략'의 프레임을 구상합니다.

"모든 시민이 정원사인 도시"에서는 시민정원사·마을정원사 양성, 돌봄의 전문성과 참여의 폭을 동시에 확장합니다. 10년간의 시민정원사 양성이 '정원도시, 서울'과 맞물리면서 마을정원사라는 형식의 폭발을 견인한 맥락을 보아야 할 것입니다. 자원봉사를 넘어 '전문 시민'이라는 새로운 거버넌스의 가능성을 확인해 보세요.

"2025 서울국제정원박람회라는 변곡점"에서는 역대 가장 성공적이었다고 평가받는 보라매공원을 깊이 들여다 봅니다. 정원박람회장이 시민·기업·전문가가 만나는 플랫폼이자 정책의 쇼케이스임을 참여, 조성, 운영의 전 과정을 통해 짚어냅니다. 축제가 정책을, 정책이 문화를 어떻게 증폭시키는지, 확산의 메커니즘을 살펴볼 수 있습니다.

이 책의 마지막 꼭지인 "정원도시는 시스템보다 문화가 먼저다"에서는 일본과의 교류를 통해 배운 점을 공유하며, 문화가 시스템을 견인하는 선순환을 그립니다. 앞서 기술한 '손에 잡히는 정원도시'와 연결되는 지점입니다. 정원도시를 추구함에 있어 모범답안을 수입하는 대신, 도시 고유성으로 해석하는 '문화 우선'의 태도를 읽어보세요.

이 책은 서울시가 2023년 5월 '정원도시, 서울'을 선포하고, 2024년 '매력정원, 동행정원 추진전략' 발표 및 '5분 정원도시 서울'로 업그레이드하는 최근 2년간의 지난한 과정을 일관되게 쫓아갑니다. 이 책을 읽으시는 분들께는 우선 이 책을 정책 보고서가 아닌 '정원문화 설명서'로 읽어주시길 부탁드립니다. 오늘 당신의 집 앞, 학교, 직장, 골목에서 무엇을 바꿀 수 있을지에 초점을 맞추면 문장들이 달리 들리실 수 있습니다. 두 번째로는 환대의 시선을 부탁드립니다. 반려동물·야생동물·식물·사람이 첨단의 메가

시티에서 함께 사는 방법은 규칙 이전에 '관계의 감수성'에서 시작되기 때문입니다. 마지막으로 행동의 단위를 작게 잡아주시길 바랍니다. 화분 하나, 나무 한 그루, 의자 한 개, 안내판 한 장이 도시의 문화를 바꿉니다. 정원도시는 거대한 선언이 아니라 작은 실천의 누적입니다. 당신은 이미 '정원도시, 서울'의 시민정원사입니다. 이제 우리 도시의 내일을 함께 가꾸어 나갑시다.

두 저자를 대표하여
이천이십오년 십이월
이수연 씀

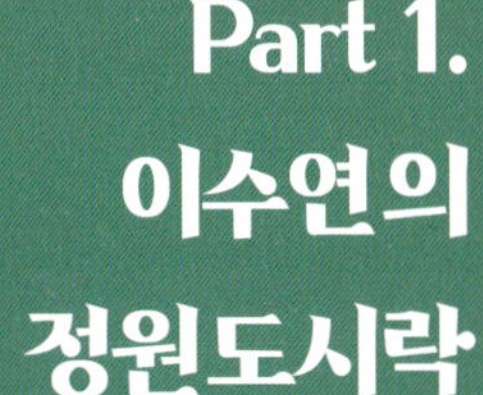

Part 1.
이수연의
정원도시락

푸른도시여가국의 새로운 이름인
정원도시국은
'자연성을 회복하는 도시'로 거듭나겠다는
약속과도 같은 이름이다.

2024 서울국제정원박람회 작가정원, 뚝섬한강공원

정원이 일상으로,
일상이 정원으로

얼마 전 남산을 걷는데 어린아이와 함께 온 부부가 가족 사진을 찍어 달라고 부탁했다. 여름날 외출이 힘든지 짜증을 내던 아이가 '하나 둘 셋' 하고 사진을 찍자 언제 그랬냐는 듯 방긋 웃어 보였다. 사진을 찍으면 대부분은 웃으며 카메라를 바라본다. 정원을 만나도 그렇다.

푸른도시여가국은 2024년 7월부터 '정원도시국'이라는 새 이름을 가졌다. 오세훈 서울시장이 '정원도시 서울'을 발표한 이래 정원을 통해 일상 혁명을 실천하고 자연성을 회복하는 도시로 거듭나겠다는 약속과도 같은 이름이다.

정원도시국으로 이름이 바뀐 후 '왜 정원이냐'는 질문을 종종 받는다. 신기하게도 'garden'(영어), 'jardin'(프랑스어), 'garten'(독일어) 등 정원을 뜻하는 단어는 모두 뜻이 '담장으로 둘러싸인 폐쇄된 공간'인데, 한자 '園원'도 상형을 풀어 보면 의미가 비슷하다.

서울은 외사산, 내사산이 있는 도시로 산이 담장처럼 둘러싼 정원의 형태를 갖추고 있다. 도시화되며 빌딩과 아파트 등 인공 구조물이 밀집돼 정원을 체감하기 어렵게 됐지만 실제로는 산과 공원이 많고 도심녹지율이 31%에 달한다. 일상에서 정원을 쉽게 느끼려면 어떻게 해야 할까? 산과 공원, 녹지, 가로 등 공적 영역과 집 안 베란다, 로비, 옥상, 마당의 사적 영역, 공개공지까지 모든 곳에 정원의 요소가 들어찬다면 원래 자연 정원이었던 서울의 모습을 되찾아갈 것이다. 지금 서울 곳곳은 매력가든으로 채워지고 있다. 서울시와 자치구가 한뜻으로 한뼘정원, 가로정원, 거점형 꽃정원 등을 확충하고 연결하며 시민이 가까이서 정원을 감상하고 행복한 일상을 누릴 수 있도록 노력하고 있다. 서울을 걸으며 봄에는 봄꽃을, 여름엔 여름꽃을 만날 수 있는 그야말로 정원도시로 변하고 있는 것이다.

특히 점심 식사 후 시청 앞을 걸을 때 도시의 변화가 더욱 잘 느껴진다. 정원을 찾은 반가운 손님들, 벌과 나비 덕분이다. 매력가든 조성 전엔 잘 눈에 띄지 않았는데 최근엔 걸음을 옮길 때마다 열심히 날갯짓을 하며 꽃가루 목욕을 하는 벌과 꿀을 찾는 나비가 보인다. 벌과 나비는 꽃의 번식과 생존에 큰 기여를 한다. 벌과 나비 개체수의 급격한 감소는 기후변화의 척도로 여겨질 정도로 이들은 생태계 균형에 영향을 미치고 있다. 이들의 기특한 수분 활동으로 식물은 열매를 맺고 정원은 더 풍성해질 것을 생각하니 또 다른 정원의 힘을 확인한 것 같아 마음이 놓인다.

뚝섬한강공원에서 진행된 2024 서울국제정원박람회를 방문한 시민들의 재방문 의사가 80%로 조사되는 등 정원에 보내주는 시민들의 관심이 꽤나 크다. 정원의 소중함과 힐링의 효능을 직접 느꼈기 때문일 것이다. 정원도시국이 말하는 정원은 꽃으로 알록달록 채워진 예쁜 꽃밭만을 뜻하는 것이 아니다. 산수가 어우러진 서울의 가로수 아래와 길가, 교통섬, 골목길 등 시민의 삶 가까운 모든 곳이 정원으로 물들고 어디서든 5분 거리에서 정원을 만나 위안을 받는 삶이 일상이 된다는 것이다. 게다가 정원은 탁월한

2024 서울국제정원박람회 기업정원, 뚝섬한강공원

2025 서울국제정원박람회 초청정원, 보라매공원

탄소 저장고이니 지구와 사람에게 함께 힐링을 선물하는
존재다.

찡그리던 아이가 소담히 핀 목수국 곁으로 다가가 활짝 웃
으며 포즈를 잡는다. 아이의 웃는 얼굴을 보니 우리의 정
원도시 정책이 올바른 방향이라는 확신이 든다.
누군가 어째서 정원이냐고 다시 묻는다면, 이렇게 답할 참
이다. 서울은 본래 정원이었다고, 당신은 지금 정원에서 살
고 있다고.

누군가 어째서 정원이냐고 다시 묻는다면,
이렇게 답할 참이다.
서울은 본래 정원이었다고,
당신은 지금 정원에서 살고 있다고.

서울숲

비용 없이 어디에서나 누구에게나
도시가 시민에게 선사할 수 있는 위안과 치유,
그것이 정원이다.

지금, 당신에겐
정원이 필요하다

하늘공원에서 열린 2023 서울정원박람회에 참여했던 장순임 씨는 시민정원사, 시민참여 협동정원 조성 등 정원과 관련된 여러 활동을 했다. 왜 이렇게 열심히 하시는지 여쭤보니, 어머니가 돌아가신 후 우울감이 심했는데 다양한 정원 봉사 활동에 참여하며 지금은 우울증을 극복했다고 한다. 정원 활동에서 보람을 느낀다는 장순임 씨는 정말 행복해 보였다.

우리는 얼마나 행복할까? 행복의 수치보다 불행의 수치가 더 크게 와 닿는다면 지금 당신에겐 정원이 필요하다. 정원이 주는 효과는 이미 잘 알려져 있다. 단순히 정원 경관을 감상하는 것만으로도 심리적으로 긍정적인 효과를 지니는데 불안감은 20%, 부정적인 기분은 11% 감소된다는 연구 결과도 있다. 또한 정형화되지 않은 기하학 형태의 정원은 다양한 감정을 조화롭게 느끼도록 하는 효과를, 자연스러운 풍경은 편안함과 즐거운 감정을 일으킨다. 특히 스코틀랜드의 2004년 연구 내용 중 정원을 소유한 사람의 스트레스가 그렇지 않은 사람보다 73.63% 낮다는 사실은 시사하는 바가 크다.

영국 워릭대학교 앤드루 오즈월드 연구팀에 따르면 유럽은 나이가 들수록 행복지수가 높다. 가정을 돌보고 일을 가장 많이 하는 40대 중반에 가장 불행하고 어린 시절과 노년기의 행복지수는 월등히 높은 U자형의 그래프를 보여준다. 반면 한국 사회는 노인이 될수록 행복하지 않다. 국내 한 연구에 따르면 연령별로 행복을 느낀다고 답한 비율은 19~44세 39.5%, 45~64세 35.3%, 65~74세 29.7%, 75세 이상 25.7% 등이다(2023년 질병관리청 학술지 「주간 건강과 질병」에 실린 "생애주기별 한국인 행복지수 영향요인"). 하지만 아이들이 풍부한 상상력을 이끌어 내는 정원을 마주하고 자랄 수 있다면, 출근해서도 회사 앞이나 옥상에서 정원을 만나 볼 수 있다면, 은퇴 후 적적한 일상에서 마을의 꽃과 텃밭을 가꿀 수 있다면 우리의 생애가 좀 더 행복으로 채워지지 않을까. 특히 개인화와 저출생, 고령화가 사회 문제로 부각되는 지금을 슬기롭게 살아가기 위한 솔루션으로 어느 때보다 정원의 효능감이 필요하다고 생각한다.

뉴욕 센트럴파크를 설계한 조경가 옴스테드는 "지금 이곳에 공원을 만들지 않는다면 100년 후에는 이만한 넓이의 정신병원이 필요할 것"이라고 말했다. 비용 없이 어디에서나 누구에게나 도시가 시민에게 선사할 수 있는 위안과 치유, 그것이 정원이다. 그것이 지금 당신에게 정원이 필요한 이유이고 서울에 정원이 많아져야 할 이유다. '매력가든 동행가든 프로젝트'를 통해 올해만 1,000여개의 정원을 선보이겠다고 발표했다. 단숨에 도시가 바뀌진 않겠지만 서울에 아름다운 정원을 채워 나가 사람들의 마음에 단단한 위안과 희망을 심어 가고자 한다. 더 많은 시민들이 계절마다 피어나는 '정원 혜택'을 통해 행복을 느낄 수 있도록.

2024 서울국제정원박람회 시민정원사마을의 희망나무와 시민정원사들, 뚝섬한강공원

단숨에 도시가 바뀌진 않겠지만
서울에 아름다운 정원을 채워 나가
사람들의 마음에 단단한 위안과 희망을
심어 가고자 한다.
더 많은 시민들이 계절마다 피어나는
'정원 혜택'을 통해 행복을 느낄 수 있도록.
2025 서울국제정원박람회, 보라매공원

정원을 가꾸는 일은
식물과 토양을 통해 탄소를 저감하고
또 저장하는 가장 직접적인 해결책이다.

정원은 자연의 생명력과 인공 요소가 함께 자라는 공간입니다.
인간의 손길은 그 흐름을 돕고,
지속가능한 공존의 메시지를 전합니다.

The ZGUHADA Garden is a space
force of nature and human-made structures grow together.
The touch of human hands supports this flow,
delivering a message of sustainable coexistence.

지구하다

천일에너지

ZGUHADA(Save the earth)
by ChunilENERGY

2025 서울국제정원박람회 기업정원, 보라매공원

기후위기와
정원을 가꿀 권리

우리는 자주 잊곤 하지만, 극단적인 폭염의 파고를 넘으며 기후위기로 인한 임계점도 함께 넘는다는 느낌만은 강하게 남았다. 이에 대해 환경문제에 큰 관심 없어 보였던 분들도 대다수 공감해 주어 더 놀라웠다. 조금 식상하지만 각자 자리에서 특단의 대책을 세워 행동하지 않는다면 결국 위기는 우리와 우리 다음 세대에게 일상이 될 수밖에 없다는 것이 분명해 보인다.

도시 전체를 정원으로 가꾸는 건 탄소 흡수량을 늘려 기후위기를 극복하는 확실한 대책이다. 회색 공간에 새로운 정원을 만드는 것이 가장 효과적이겠지만 기존 녹지에 큰 나무들만 덩그러니 자라 하부에 맨땅이 드러난 곳에 새로 만드는 정원도 무척 효과적이다. 큰 나무 아래로 다양한 꽃을 피우는 키 작은 나무들과 야생화를 추가로 심으면 전체적인 잎의 면적이 늘어나 탄소를 더 흡수하기 때문이다. 보다 중요한 점은 맨땅이 식물로 피복되는 효과인데, 이는 지구 전체 땅에 저장된 것으로 추정되는 2,700Gt의 이산화탄소가 대기 중으로 빠져나오는 것을 막고, 나아가 식물의 뿌리를 통해 더 많은 이산화탄소를 땅이 저장하여 비옥하게 만들기 때문이다. 이처럼 정원을 가꾸는 일은 식물과 토양을 통해 탄소를 저감하고 또 저장하는 가장 직접적인 해결책이다.

2023년 5월 오세훈 서울시장이 '정원도시 서울'을 발표한 뒤 서울시는 정원 확대를 위해 숨 가쁘게 달려왔다. 큰 나무만 듬성듬성 있던 뚝섬한강공원은 2024 서울국제정원박람회를 거치며 '뚝섬대정원'으로 완전히 바뀌는 등 9월 말까지 서울시 주요 공원과 가로, 자치구별 주요 결절점마다 269개소 12만㎡의 매력정원이 만들어졌다. 2025 서울국제정원박람회에 맞춰 보라매공원이 '서남권 대정원'으로 탈바꿈하는 등 2026년 말이면 1007개소 131만㎡의 매력정원이 새롭게 조성되고, 이쯤이면 시민 누구나에게 정원이 가까이 다가왔음을 느낄 것이다.

지금 시점에서 필요한 전략은 서울시의 노력에 더해 민간의 참여를 확대하는 것이다. 뚝섬 서울국제정원박람회만 해도 9개 기업이 7,460㎡의 정원을 가꾸는 데 23억 원을 기부해 주었다. 시 예산에 버금가는 수준이다. 기후위기 시대 기업의 사회공헌 중에서 숲과 정원을 만드는 것만큼 효과적인 사업은 많지 않다. 시민의 참여도 중요하다. 1년 반 이상 교육을 받은 시민정원사 756명은 정원박람회장 유지관리를 비롯해 시 전역에서 열심이다. 양천구, 노원구, 영등포구, 성동구에서는 이미 마을정원사를 별도로 양성해 운영 중이고 광진구, 구로구 등도 준비 중이다. 시민정원사와 마을정원사를 연결하는 거점 공간인 정원힐링문화센터도 서울시 주요 공원과 자치구별 거점 공원에서 운영해 나갈 예정이다.

이러한 시민의 참여를 시민의 기본권 중 하나인 '정원을 가꿀 권리'로 기획하고 제도화하는 것도 중요한 과제다.

2024 서울국제정원박람회 기업정원, 뚝섬한강공원

서울시민정원사회 정원박람회 활동

정원도시의 완성을 통한 기후위기의 극복은 시민들 손에
달려 있기 때문이다. 정원을 가꾸고픈 시민에게 가드닝 교
육과 집 주변 공원 녹지 및 가로수 아래 한뼘정원 등 공공
공간을 주도적으로 가꿀 수 있는 기회를 제공하는 것은
서울시 몫이다.

시민의 참여를 시민의 기본권 중 하나인
'정원을 가꿀 권리'로 기획하고
제도화하는 것도 중요한 과제다.
정원도시의 완성을 통한 기후위기의 극복은
시민들 손에 달려 있기 때문이다.

봄의 전령사인 벚나무의 훌륭한 본업은
바로 '탄소흡수'다.
나무와 꽃, 숲과 정원이 주는 효과는 많지만,
그중 지구를 위한 최고의 역할은
가장 완벽한 '탄소저장고'란 점이다.
서울숲

가장 완벽한 탄소저장고,
나무

주말, 집 근처 대모산을 찾아 벚꽃의 끝물을 봤다. 소중한 사람들과 함께 아름답게 날리는 벚꽃 비를 보러온 시민들이 제법 많았는데 그중 정다워 보이는 젊은 가족이 내게 사진 한 장 찍어줄 수 있느냐고 물었다. 휴대폰을 받아드는데 아이가 "벚꽃 다 떨어져서 나무 불쌍해"라고 하자 엄마는 "벚나무가 하는 일이 얼마나 많은데"라고 답하는 걸 듣곤 많은 생각이 들었다.

맞다. 봄의 전령사인 벚나무의 훌륭한 본업은 바로 '탄소 흡수'다. 나무와 꽃, 숲과 정원이 주는 효과는 많지만, 그

중 지구를 위한 최고의 역할은 가장 완벽한 '탄소저장고'란 점이다. 국립산림과학원에 따르면 벚나무 한 그루는 연간 9.5㎏의 이산화탄소를 흡수한다. 만약 250그루라면 자동차 한 대의 연간 온실가스 배출량인 2.4t을 흡수하는 것이다. 산림은 기본적으로 잎, 가지, 뿌리 등이 모두 다 탄소로, 모든 나무가 이산화탄소를 효과적으로 흡수한다.

벚꽃 개화 시기는 점점 예측이 어렵고 전에 없던 폭염이 지속되거나 겨울이 유난히 따뜻하다고 직접 느낄 때 우리는 기후변화의 심각성을 체감하곤 한다. 대중교통을 이용하고, 일회용품을 사용하지 않는 것도 중요하지만 더 많은 탄소를 저장하는 방법이 있다. 바로 산불을 줄이고 나무를 지키는 일이다.

특히 건조한 날씨일수록 산불이 발생하기 쉽다. 실제로 산불의 80% 이상이 건조기인 1월에서 5월에 발생한다. 기후변화로 인한 산불 발생은 과거보다 부쩍 급증했으며 산불로 인해 배출된 이산화탄소는 다시 기후변화를 가속하는 악순환을 만든다.

국립산림과학원에 따르면 1ha 크기의 소나무 숲이 산불로 탔을 때 약 5만4,071kg의 이산화탄소가 발생한다고 한다. 이는 약 7,242대의 자동차가 1년간 배출하는 이산화탄소량과 같다. 1ha의 중부지방 소나무 숲이 1년간 흡수하는 탄소량이 1만2,400kg이라는 산림청 탄소등록부 자료와 함께 생각해보면 산불이 얼마나 엄청난 손실을 초래하는지 더 크게 느껴진다.

2023년 4월 발생했던 서울 종로구 인왕산 산불은 축구장 21개 면적인 15ha를 태웠고 6월 서울 관악구 관악산 산불은 0.02ha를 소실시켰다. 나무가 한번 자라 울창한 숲을 이루려면 긴 세월이 필요한데, 이를 단번에 태워버리는 산불 대부분은 사람에 의해 발생한다. 서울시는 산불 가해자를 찾기 위해 무인항공 감시 드론 등 첨단 장비를 지속해서 확충해 상시 감시하고 있다. 산불 방화는 최대 15년 이하 징역에 처해진다.

사진을 찍어주고 휴대폰을 건네주자 사진이 잘 나왔다며 가족이 활짝 웃었다. 사진의 화질보다도 아름다운 자연과 꽃나무, 정원에서 행복을 찍었기 때문이리라. 숲을 지키는

서울숲

건 사람의 행복을 키우는 일이다. 부디 이 아낌없이 풍요

로운 자연의 혜택이 지속되길 바란다.

숲을 지키는 건
사람의 행복을 키우는 일이다.
2025 서울국제정원박람회 작가정원, 보라매공원

소중한 것은 아끼게 된다.
아까울수록 더 조심하고 조심할수록 탈이 없다.
우리는 나무와 산림의 중요성을
매해 심각해지는 기후위기를 보며 절감하고 있다

세상 모든 숲도
한 그루 나무에서

겨울이 유난히도 길었다. 산불 뉴스를 연일 지켜보며 마음은 더욱 어수선했다. 그토록 오랫동안 지켜 온 산림을 잃어버리는 데는 그리 오래 걸리지 않는다. 나무 한 그루를 키우는 데 얼마나 많은 자연의 정성과 시간이 드는지 잘 알기에, 더욱 착잡했다.

제1회 식목일은 1946년 4월 5일 서울 사직공원에서 시작됐다. 더 거슬러 올라가면 신라 문무왕 17년 2월 25일, 양력 4월 5일에 삼국통일을 기념해 나무를 심은 데서 유래한다고 한다. 2024년은 제80회 식목일이기도 하지만 대한민국 광복 80주년이기도 하다. 광복이 되던 날 서울은 식민지 수도 '경성'에서 대한민국 수도 '서울'로 다시 태어났으니 광복 80주년과 더불어 '서울시'란 공식 명칭이 사용된 지 80년이 된 해이기도 하다. 올해 3월 서울시 정원도시국은 보라매공원에서 시민 1,000여명과 함께 식목일을 기념해 나무를 심었다. 홍매화, 능수매화, 산딸나무 등 키 큰 나무와 박태기, 꽃댕강, 팥꽃나무 등 키 작은 나무를 어울리게 두고 나무 아래엔 매발톱, 층꽃 등을 심었다.

사람 1명이 하루에 배출하는 이산화탄소가 약 1㎏이라고 한다. 나무 한 그루는 하루에 약 3.6명이 내뿜는 이산화탄소를 흡수한다. 또한 성인 1명이 하루 동안 필요한 산소량이 약 0.75㎏인데 산림청 자료에 따르면 큰 나무 한 그루는 하루에 약 4명이 숨 쉴 수 있는 산소를 내뿜는다고 한다. 나무 한 그루가 매일 약 네 명의 사람을 살리고 있는 셈이다. 물론 잎이 넓고 울창할수록, 수령이 오래된 나무일수록 능력은 더욱 커진다. 이것이 우리가 오래도록 나무를 심고 산림을 가꿔야 하는 이유다. 하지만 현재 지구에서는 1초마다 축구경기장 하나만큼의 산림이 감소한다고 한다. 산림이 줄어들수록 온실가스를 흡수하고 산소를 내

보내는 자연의 힘 또한 감소한다.

서울시는 정원도시로의 비전을 발표한 이후, 5분 거리 내 어디에서든 정원을 만날 수 있는 도시를 만들어 가고 있다. 작년까지 536개의 정원을 조성했고, 올해도 500여 곳을 더 만들어 갈 계획이다. 상반기엔 외곽의 차고 시원한 공기를 서울 도심으로 연결시키는 23곳의 '바람길숲'을 조성했다. 국립산림과학원에 따르면 1㏊의 숲은 연간 6.9t의 이산화탄소와 168㎏의 미세먼지 등 대기오염물질을 흡수하는 효과가 있다. 올해 조성되는 7만 4,000㎡ 바람길숲은 연간 약 51t의 이산화탄소를 흡수할 것으로 기대된다. 또한 월드컵공원의 사면에도 내년까지 16만 그루의 나무를 심어 생태를 살리는 경관숲으로 재조성한다.

2025년 5월 22일부터는 보라매공원이 크고 작은 나무와 꽃으로 뒤덮이는 서울국제정원박람회가 열린다. 서울에 나무를 심고 정원을 조성하며 시민에게는 힐링을 선사하고, 지구를 살리는 일에 동참하고 있다는 사실이 보람되는 나날이다.

2024 서울국제정원박람회 작가정원, 뚝섬한강공원

72시간 도시생생 프로젝트

소중한 것은 아끼게 된다. 아까울수록 더 조심하고 조심할수록 탈이 없다. 우리는 나무와 산림의 중요성을 매해 심각해지는 기후위기를 보며 절감하고 있다. 아마존 밀림이 사라져가는 뉴스를 접하면서도 정작 우리는 얼마나 소중한 산림을 얼마나 아끼고 있을까? 지금 현재 푸르다고 마음 놓고 있는건 아닐까?

제80회 식목일이다. 하지만 진짜 식목일은 365일이라고 말하고 싶다. 오늘은 작은 꽃나무 하나 심어 지구를 살리는 데 동참해보면 어떨까. 80년의 식목일 역사도, 세상의 모든 숲도 시작은 한 그루의 나무부터다. 여러분이 심은 한 그루가 숲에도, 도시에도, 사람들의 마음에도 진정한 봄을 선물하길 바라본다.

진짜 식목일은 365일이라고 말하고 싶다.
오늘은 작은 꽃나무 하나 심어
지구를 살리는 데 동참해보면 어떨까.
80년의 식목일 역사도, 세상의 모든 숲도
시작은 한 그루의 나무부터다.

2025 서울국제정원박람회 기업정원, 보라매공원

반려동물은 정서적 교감과 위안을 주는

또 하나의 가족이 된 지 오래다.

반려동물을 돌보는 규칙적인 행위가

신체적 활동량 증가는 물론

치매 예방에 좋다는 장점도 익히 알려져 있다.

2024 서울국제정원박람회 기업정원, 뚝섬한강공원

반려동물이
마음껏 뛰노는 여행

집 근처 공원을 산책하다 제법 무거워 보이는 강아지를 꼭 안고 걷는 시민을 만났다. 어째서 강아지와 함께 걷지 않고 안고 걸으시냐 물었다. 시민은 "신나게 뛰어놀게 하고 싶지만 개를 무서워하는 주민도 있어 자주 안고 걷는다"고 말했다. 그리고 "개를 환영하는 풍경이 좋은 곳에 함께 여행을 가는 것이 꿈"이라고 덧붙였다.

현재 서울 가구의 22.2%가 반려동물과 함께 생활하고 있으며, 그 수는 약 114만 마리로 매년 늘고 있다. 네 집 중 한 집은 반려동물과 함께 지내는 셈이다. 특히나 1인가구 증가, 노령화 등에 따라 반려동물은 정서적 교감과 위안을 주는 또 하나의 가족이 된 지 오래다. 반려동물을 돌보는 규칙적인 행위가 신체적 활동량 증가는 물론 치매 예방에 좋다는 장점도 익히 알려져 있다.

그러나 한국관광공사의 '2022 반려동물 동반여행 실태 조사'에 따르면 반려인의 74.4%가 동반여행을 희망하나, 34.3%가 당일치기 여행조차 하지 못했다고 답했다. 반려동물과 숙박할 수 있는 시설도 드물고 출입할 수 있는 음식점이나 카페도 한정적이며 반려동물을 환영해주는 관광지 또한 부족한 것이 현실이다.

시민의 바람을 조금이라도 해소하기 위해 오세훈 서울시장은 작년 1월 5일 경기도 연천군수와 임진강 유원지에 '서울 반려동물 테마파크'를 조성하기 위한 업무협약을 마쳤다. 서울 반려동물 테마파크는 반려동물 동반 캠핑장과 더불어 야외수영장, 소·중·대형견 별 마음껏 뛰어놀 수 있는 반려견 놀이터, 야외 반려견 훈련장, 문화센터 등 동물 맞춤형 시설을 갖출 예정으로, 시민들이 반려동물과 함께 아름다운 임진강을 산책하며 마음 편히 휴식을 취할 수 있는 명소가 될 것이다.

또한 연천군에 서울시 첫 공공 동물 장묘시설인 '서울 반려동물 추모관'도 조성할 계획이다. 서울에서만 세상을 떠나는 반려동물이 한 해 13만 마리 이상이다. 2021년 조사에 따르면 서울 반려동물 양육 가구 중 46.8%가 '반려동물 장묘시설'을 이용한 경험이 있으나, 13.1%는 '종량제봉투 처리'를 했고, '불법 매장 등 기타 방법'은 18.7%에 달했다. 반려동물 장례문화가 빠르게 정착되지 못하는 이유는 뭘까. 수도권 평균 40만9천원이라는 높은 반려동물 장례 비용과 턱없이 부족한 공공 장묘시설도 원인일 것이다.

현재 공공 동물 장묘시설은 전북 임실, 경기 여주 두 곳뿐이며, 서울과 경기 북부권에는 전무하다. 함께하는 기쁨이 클수록 이별의 슬픔도 크기에 위로받아 마땅하지만, 반려동물의 상실로 인한 스트레스 '펫로스 증후군'은 아직 사회문화적으로 이해되거나 공감되지 않는 경우도 많다. 아마도 서울 반려동물 추모관이 반려동물을 잘 떠나보내고 가족들의 슬픔을 위로하고 올바른 반려동물 문화를 확립하는 데 큰 역할을 할 것으로 기대한다.

연천은 임진강과 한탄강이 흐르는 생태계 보고이자 빼어 난 자연이 아름다운 곳으로 이번 연천군이 서울 반려동물 테마파크 조성에 선뜻 손 내밀어준 것이 더없이 고맙다. 서 울 반려동물 테마파크는 인간과 동물이 함께 여가를 즐기 는 동물복지의 새로운 모델이자 연천군의 관광과 경제를 활성화하는 지역 상생의 최적 모델이 될 것으로 기대한다.

서울시는 그간 국내 동물복지 문화를 선도하며 타 시도에 많은 모범이 돼왔으나 미국 뉴욕, 영국 런던 같은 동물복 지 선진국 수준이 되기 위해 앞으로 나아가야 할 서울시 의 역할을 고민하다보니 어깨의 짐이 조금 더 무거워졌다.

커다란 강아지를 안은 시민이 한번 쓰다듬어보라고 했다. 가만히 손을 대자 눈을 반짝이며 착한 얼굴로 물끄러미 나를 보는 강아지에게 '좀 더 신나는 서울을 만들어주겠 다'고, '곧 네가 가족과 함께 서울 근교로 여행을 떠나 마 음껏 뛰게 해주겠다'고 작은 약속을 해본다. 이 따뜻한 생 명이 느껴지는 강아지를 비롯한 모든 '반려동물'이 부디 서울시민의 곁에서 더 행복하길 바란다.

이 따뜻한 생명이 느껴지는 강아지를 비롯한
모든 '반려동물'이 부디 서울시민의 곁에서
더 행복하길 바란다.

비둘기가 자연 속에서 스스로 살아가도록
긍정적 거리두기를 하는 것,
이것이 비둘기가 도시 생태계의 일원으로
건강하게 살아가도록 하는
올바른 공존의 시작이다.

도심 속
비둘기와의 공존

횡단보도를 건너려는데 곁으로 비둘기 몇 마리가 날아들었다. 아슬아슬하게 보도와 차도를 오가던 비둘기에게는 빠르게 지나는 자동차들조차 익숙한 모습이었다. 근처에 있던 아이가 들고 있던 빵을 흘리자 금방 여러 마리의 비둘기가 아이에게 몰려들었다. 이렇게 도심에서 흔히 마주치는 비둘기는 본래 인간의 돌봄 없이도 자연 생태계에서 스스로 살아야 하는 야생동물이다. 그러나 인간은 영리하고 길들이기 쉬운 비둘기를 제2차 세계대전에서는 중요한 메시지를 전송하는 용도로 활용했고, 1988년 서울올림픽 개막식에서는 '평화의 상징'으로 부각시켜 대량으로 하늘로 날려 보내기도 했다. 비둘기는 인간과 함께 살기에 최적인 새로 사랑받으며 반야생화해 도시에 뿌리를 내렸다.

그러던 비둘기는 개체 수가 급격히 늘어나면서 요즘은 도시의 골칫덩이로 여겨지기도 한다. 도시에서 인간 활동의 부산물로 나온 먹이를 쉽게 구하며 비정상적인 개체 수 증가가 이어졌다. 그 결과 비둘기의 강한 산성을 띤 배설물은 건물과 문화재·교량 등을 부식시키고 다중 이용 공간에서 질병 전파 우려를 낳았다. 비둘기 피해 민원은 서울에서만 2018년 430건에서 2024년 1,480건으로 급증했다.

그간 각 자치구에서는 '비둘기에게 먹이를 주지 마세요'라는 현수막 등을 설치하고 계도 활동을 지속해 왔다. 하지만 시간이 갈수록 비둘기의 개체 수와 민원이 외려 증가하는 바람에 비둘기에게 먹이를 주는 행위를 제한할 수밖에 없었다. 현재 '야생생물 보호 및 관리에 관한 법률' 개정으로 지방자치단체장이 특정 장소와 시기를 정해 유해 야생동물에 대한 먹이 주기를 제한할 수 있는 근거가 마련됐다. 일부에서는 '불임 먹이' 등을 주는 게 어떠냐는 제안도

하지만 이는 다른 야생동물이 먹을 수도 있고 생태계 교란 가능성도 있어 환경부에서 권장하지 않는 방법이다.

서울시가 전국 지방자치단체 중 가장 먼저 38곳의 비둘기 먹이 주기 금지구역을 지정한 것은 비둘기 피해 민원이 가장 많은 도시이기 때문이다. 비둘기 먹이 주기 금지구역은 공원·광장 등 시민들이 함께 이용하는 공공장소로 한정했다. 서울시의 먹이주기 금지구역은 조례에 따라 3년마다 지정 변경 검토가 가능하다. 2025년 7월부터는 먹이주기 금지구역에서 규정을 위반할 경우 야생생물법 시행령에 정해진 기준에 따라 과태료를 부과할 방침이다. 독일·싱가포르·홍콩·태국 등에서는 이미 유사한 정책을 시행하고 있다.

누군가는 '왜 비둘기에게 먹이 주는 것이 단속 대상이 되느냐'고 반감을 가질 수 있지만 이 정책은 비둘기를 혐오하거나 퇴치하는 데 목적이 있는 것이 아니라 비둘기 개체 수를 생태적으로 조절 가능한 수준으로 안정화해 사람과의 공존을 모색하려는 것이다. 비둘기가 자연 속에서 스스로 살아가도록 긍정적 거리두기를 하는 것, 이것이 비둘

비둘기가 야생동물로서 본능을 회복하고 자연의 일원이 되도록 협조해 주세요
이 곳은 비둘기 먹이주기 금지 구역입니다
7월 1일부터 공원에서 비둘기 먹이를 줄 경우 최대 100만원의 과태료가 부과됩니다.

기가 도시 생태계의 일원으로 건강하게 살아가도록 하는 올바른 공존의 시작이다. 이제는 인간과 야생동물의 공존을 위해 인식의 전환을 꾀할 필요가 있다. 평화의 상징도, 골칫거리로의 인식도 어느 것 하나 비둘기가 원한 것은 없다. 그저 비둘기는 비둘기답게 자연의 일원으로 살 수 있어야 한다.

평화의 상징도, 골칫거리로의 인식도
어느 것 하나 비둘기가 원한 것은 없다.
그저 비둘기는 비둘기답게
자연의 일원으로 살 수 있어야 한다.

야생동물과의 거리두기에 대한
인식 형성과 행동 원칙이 필요하다.

2025 서울국제정원박람회 기업정원, 보라매공원

야생동물,
바라봐주는 아름다운 공존

서울 전역은 '정원도시 서울'을 향한 가드닝으로 분주하다. 보라매공원에서는 서울국제정원박람회가 성황리에 개최되었는데, 그중에서도 이목을 끌고 있는 대표 정원 중의 하나가 너구리를 테마로 한 정원으로, 귀여운 너구리의 이미지만큼이나 시민들이 많이 찾고 있다.

너구리는 복슬복슬한 털에 검은 눈자위와 강아지 같은 모습으로 사람들의 눈길을 사로잡는다. 그런 너구리를 서울 도심에서 목격했다는 이야기가 늘고 있다. 서울시 야생동물구조센터에 따르면 너구리 구조 건수는 2023년 78건에서 2024년 117건으로 급증했다.

왜 서울에 너구리 출몰이 점점 늘어나는 걸까? 너구리는 환경 적응력이 매우 뛰어난 잡식성 동물로 한 번에 6~8마리의 새끼를 낳는 데다 뚜렷한 천적이 없고 먹이를 놓고 경쟁하는 오소리의 수도 적어 개체 수 감소 요인이 거의 없어 지속 증가하고 있다. 너구리를 우리 주변에서 자주 볼 수 있다는 건 어쩌면 서울의 생태 환경이 과거보다 좋아지고 있다는 반가운 신호일 수도 있지만, 한편으로는 '야생동물과 어떤 관계를 맺고 살아가야 할까?'라는 고민을 갖게 하는 신호이기도 하다.

어떤 이는 너구리를 반려동물처럼 여겨 먹이를 주고 만지려 하기도 하고, 두려움 없이 사진을 찍으러 다가가기도 한다. 하지만 이는 위험한 행동으로 어느 순간 야생동물로서의 공격성을 드러낼 수도 있고, 사람이 주는 먹이에 의존하게 되면 사람과의 접촉 기회가 많아져 물림 사고 발생 우려와 서식 밀도 증가로 사회 문제를 야기할 수도 있다. 또한, 너구리는 감염병을 옮길 수 있는 매개체다. 서울은 2006년 너구리에게 광견병이 발병된 이후 아직까지 추가 발병은 없는 걸로 알려져 있고, 매년 봄과 가을에 미끼 백신도 살포하고 있다. 하지만, 야생동물을 통한 전염병은 늘 조심해야 한다.

해외 선진 도시들은 이런 문제를 경험해오며 공존의 원칙을 제도로 세워두었다. 예컨대 싱가포르는 야생동물에게 먹이를 주는 것을 법으로 금지하고 있으며, 위반 시 5000 싱가포르달러(약 520만 원)의 벌금을 부과한다. 야생동물에게 먹이를 주거나 접근하다 사고를 당해도 그 피해는 전적으로 개인의 과실로 간주된다. 이런 명확한 책임 원칙이 사람과 야생동물의 경계를 지키는 중요한 장치이다. 야생동물과의 거리 지킴은 공존을 위한 기본 질서이자 대전제인 것이다.

서울에서도 야생동물과의 거리두기에 대한 인식 형성과 행동 원칙이 필요하다. 야생동물에게 먹이 주지 않기, 가까이 다가가지 않기, 자극하지 않기이다. 너구리는 음식물 쓰레기통을 뒤지기도 하는 습성이 있어 봉투를 밀봉해 정해진 시간에 배출하고, 인위적 먹이 주기 금지와 길고양이 급식소 등의 먹이원 관리도 중요하다. 우리가 실천해야 할

2025 서울국제정원박람회 기업정원, 보라매공원

2024 서울국제정원박람회 작가정원, 뚝섬한강공원

작지만 중요한, 공존을 위한 책임이다.

서울은 자연성 회복을 위해 노력하고 있다. 어쩌면 이러한 노력의 와중에 도심과 자연의 경계가 점점 가까워지며 서울에서 야생동물을 더 자주 만나게 될 것이다. 어느덧 우리 곁까지 와 있는 야생동물을 우리는 자연의 일원으로 인식하고 생명 공동체로 바라보며 각자의 영역에서 살아가도록 배려해야 한다. 우리가 그저 바라보고 응원하는 것이 먹이를 주어 가까이 부르는 것보다 더 아름다운 공존이다. 서울시가 지향하는 '정원도시 서울'은 사람과 식물, 야생동물 간에 서로의 영역을 존중하며 자연스럽게 공존할 때 이루어질 것이다.

우리가 그저 바라보고 응원하는 것이
먹이를 주어 가까이 부르는 것보다
더 아름다운 공존이다.

일본은 2017년 도시공원법을 개정해
공원 내 상업 활동을 유도하고
그 이익금으로 운영관리비를 충당하는
공모설치관리제도를 도입했다.

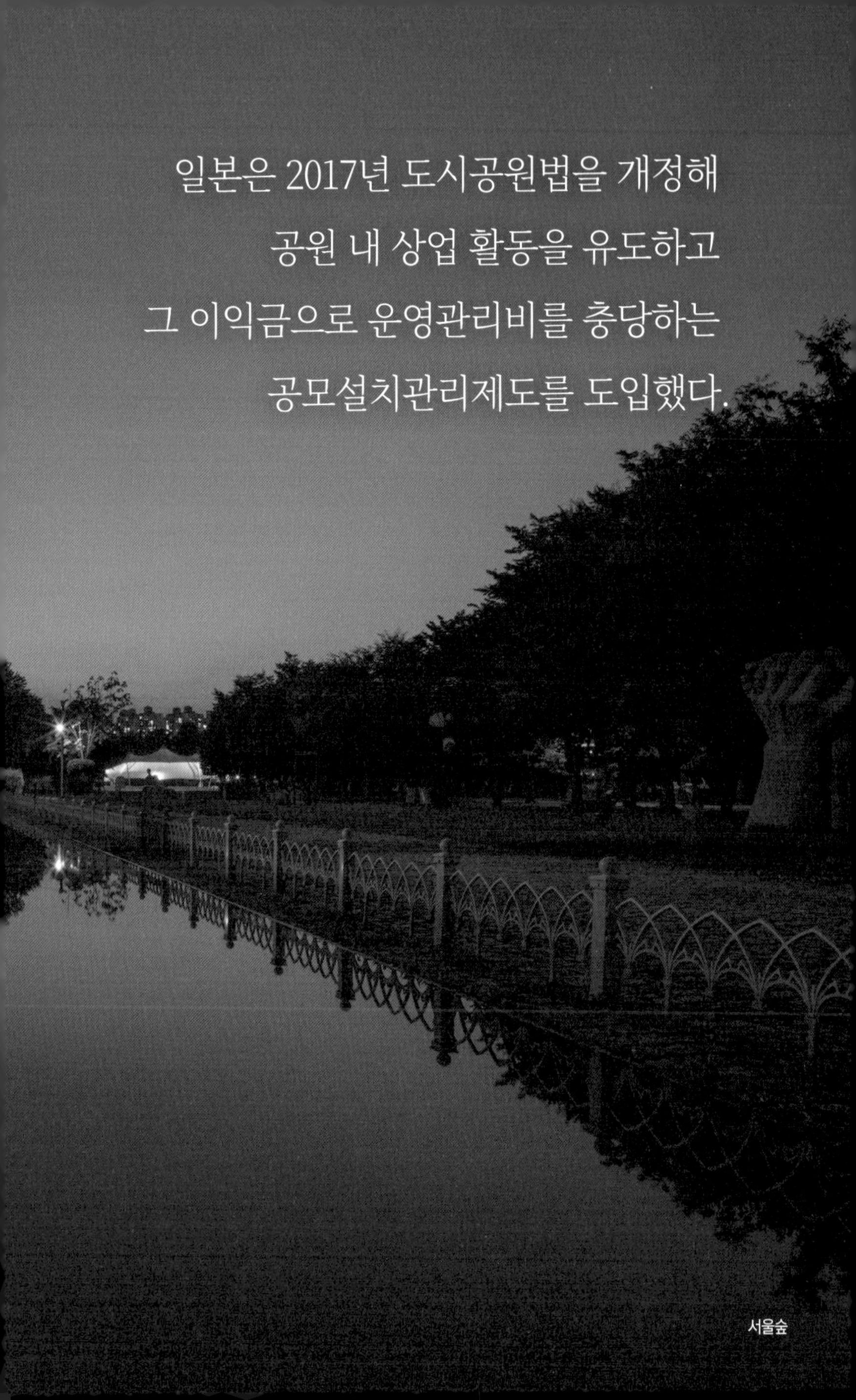

관리하는 공원에서 경영하는 공원으로

올해 서울시의 규제 철폐 의지는 확고하다. 불필요한 규제를 없애 사회·경제의 숨통을 틔우고 시민들이 체감할 수 있는 혁신과 변화를 추구하기 위한 노력에 대해 오세훈 서울시장은 "규제는 '최소한이 최선'"이라고 표현했다. 정원도시국도 2025년 1월 '규제철폐안 5호'를 발표하며 공원 내 상행위를 제한적으로 허용했다. 그동안 전면 금지됐던 공원 내 상행위를 문화·예술 행사와 연계하여 허용함으로써 소상공인의 매출 증대와 판로 개척에 기여할 것으로 기대된다.

서울시가 공원 내 상행위를 엄격히 제한해 온 배경에는 여러 이유가 있다. 공원은 자연경관을 우선해야 한다는 원칙이 강했으며, 일부 노점상이 난립하면서 환경이 훼손되고, 방문객들에게 불편을 끼치는 사례도 많았다. 하지만 이런 문제들은 체계적 관리와 운영 시스템 도입으로 충분히 해결할 수 있다.

코로나19 팬데믹을 거치면서 공원의 역할은 더욱 중요해졌다. 그러나 공원 내에서 식음료를 즐길 수 있는 공간이 부족하다는 점은 여전히 방문객들에게 큰 불편이다. 시민들은 자연 속에 머물면서 질 좋은 커피 한잔을 마시거나 간단한 식사를 즐기길 원한다. 이에 공원 내에서 일정한 기준을 정해 카페 및 푸드트럭 등 운영을 허용하는 유연한 방안이 절실해졌다.

공원 내 상행위를 효과적으로 운영하는 일본 사례도 의미가 있다. 일본은 2017년 도시공원법을 개정해 공원 내 상업 활동을 유도하고 그 이익금으로 운영관리비를 충당하는 공모설치관리제도를 도입했다. 민간이 공원 내에 상업시설을 설치하고 수익을 공원 관리에 재투자하는 방식이다. 도쿄도는 미야시타 입체공원과 후타고타마가와공원의 스타벅스, 시부야 기타야공원의 블루보틀커피 등 주요 공원마다 글로벌 브랜드 카페를 유치해 시민들은 물론 외국인 관광객들에게 큰 인기를 끌고 있다. 서울시도 이러한 방식을 벤치마킹해 공원의 가치를 높여 나갈 필요가 있다.

공원은 더이상 단순 녹지 공간이 아니며, 도시의 활력소로 다양한 기능을 수행하는 복합공간이다. 공원에 설치된 무장애길은 어르신과 장애인이 불편 없이 숲을 즐길 수 있는 '지붕 없는 복지관'이다. 흙길과 야외 체육시설은 '지붕 없는 체육관'으로서의 공원을 잘 보여 준다. 공원 내 멋진 조각작품과 계절마다 벌어지는 문화공연은 공원을 '지붕 없는 미술관', '지붕 없는 문화회관'으로 변모시킨다. 공원에서 함께 모여 이루는 사회적 교류는 지역의 '지붕 없는 커뮤니티센터'로 기능하고, 이러한 기능들은 신체적 건강 증진뿐 아니라 정신적 안정을 통해 공원이 '지붕 없는 병원'이 되는 요소다.

여기에다 공원 내 상행위 허용을 통해 올해부터 '지붕 없는 상권'으로도 기능할 계획이다. 4월 5일 뚝섬 서울숲

2025 서울국제정원박람회 푸드트럭, 보라매공원

2019 서울정원박람회, 지붕 없는 공연장, 만리동광장

을 시작으로 5월 말까지 남산공원, 북서울꿈의숲 등에서 '서울가든페스타'가 열렸다. 정원으로 꾸며진 야외공간에 100여개 팝업스토어가 펼쳐지는 동시에 문화공연과 야외 도서관, 가드닝 체험 등 프로그램도 진행되었다. 2025년 5월 22일 보라매공원에서 개막한 서울국제정원박람회장에도 세련된 정원 속으로 푸드트럭 거리가 피어나고, 전국 지자체의 특산품, 임산물들이 함께 판매되어 시민들을 맞이했다.

관리하는 공원에서 경영하는 공원으로 변모하는 공원의 진화는 '지붕 없는 상권'으로서 국내외 관광객에게 매력 요인이 될 뿐만 아니라 나아가 서울의 도시 경쟁력을 높이는 데 기여할 것이다.

2024 서울국제정원박람회 정원산업전, 뚝섬한강공원

관리하는 공원에서 경영하는 공원으로
변모하는 공원의 진화는 '지붕 없는 상권'으로서
서울의 도시 경쟁력을 높이는 데
기여할 것이다.

봄이 오기 전 꽃을 피우는

꽃나무를 좋아한다.

아직 푸르름은 보이지 않고,

간혹 꽃샘추위도 몰아치는 겨울이

채 떠나지 않은 정원에서,

바람은 아직 차갑고,

땅은 축축하게 얼어 있지만,

가지 끝에 어느새 꽃을 피워낸다.

봄을 앞당기는
꽃

봄이 오기 전 봄을 꽃 피우는 나무들이 있다. 한데 봄이 오기 전이라는 건 언제를 말할까? 절기상 '입춘'에도 추위는 여전하다. '춘래불사춘'이라는 말도 있을 정도니, 모두 공감하는 봄의 시작을 정의하기엔 어려움이 있다. 정원 전문가들도 많지만, 정원도시국장으로 현장에서 느끼기에 봄이 왔다는 것을 실감하는 때는 철쭉이 피는 시기가 아닐까 싶다. 기후위기로 인해 그 시기도 조금씩 오락가락하는 현실이지만, 서울의 경우 철쭉이 피어나는 동시에 모든 나무들에 연둣빛 새잎이 우렁우렁 커지고, 셀 수 없이 많은 꽃들이 우후죽순처럼 한꺼번에 피어나기 때문이다.

그러다 보니 봄이 오기 전 꽃을 피우는 꽃나무를 더 좋아하게 된다. 아직 푸르름은 보이지 않고, 간혹 꽃샘추위도 몰아치는 겨울이 채 떠나지 않은 정원에서, 바람은 아직 차갑고, 땅은 축축하게 얼어 있지만, 가지 끝에 어느새 꽃을 피워낸다. 잎도 없고 색도 없는 풍경 속에서 그 꽃 하나가 환하게 정원을 밝히고, 봄을 부른다. 그들은 마치 정원 속 종소리처럼 "이제 봄이다"라고 외친다. 봄을 앞당기는 꽃인 셈이다. 키큰나무를 꼽으면 목련이 최고다. 매화나 산수유도 있지만, 목련만큼 이른 봄에 존재감이 넘치는 나무는 없을 듯싶다. 하지만 내가 주목하는 나무들은 우리가 흔히 관목이라고 부르는 작은키나무 중에서도 볼륨감 넘치게 활짝 꽃을 피우는 녀석들이다.

이러한 꽃나무 중 첫 스타트를 끊는 나무가 미선나무다. 충북 단양에서 자생하는 우리나라 고유종으로 3월 중순부터 작고 가느다란 가지 끝마다 종 모양의 희거나 연분홍빛의 꽃을 풍성히 피워낸다. 미선나무는 조용한 정원에 가장 먼저 진한 봄의 향기를 뿜어내, 벌들을 가장 먼저 불러들인다. 또, 미선나무와 거의 동시에 피어나는 우리 꽃은 희어리다. 가지에서 축 늘어진 노란 크림빛 꽃이 줄을

타고 피어 내리고, 바람에 흔들리면 봄을 알리는 종이 울리는 듯하다. 그늘에서도 잘 자라고 가지의 뻗음도 좋아서, 전통정원은 물론 부드러운 선이 돋보이는 선형 정원에도 잘 어울린다.

4월 초순이 되면 봄의 정서와 가장 잘 맞는 부드러운 연분홍 진달래가 정원의 주인공으로 나선다. 숲에서 자주 보던 진달래는 정원에 들이면 부드러운 가지로 인해 전혀 다른 매력을 드러낸다. 한 그루만 있어도 존재감이 뚜렷하다. 진달래가 피었다 싶으면 거의 함께 피어나는 꽃이 개나리다. 예전엔 어디나 많았지만 요즘은 많이 보이지 않는다. 위치에 따라 3월 말부터 거의 1달가량 노오란 꽃을 볼 수 있는 개나리는 폭포처럼 흐르듯 피어 '봄의 폭발'을 연출하고 봄을 선언한다.

진달래와 개나리꽃이 보이기 시작하면 4월 중순부터는 이스라지, 채진목, 조팝나무, 박태기나무가 거의 동시에 꽃을 피운다. 이스라지는 흰꽃과 연분홍꽃이 풍성하게 피어 눈길을 잡아끈다. 볼륨감이 빼어나서 정원에 한 그루만 피어나도 존재감이 크고 가으내 붉은 열매도 매력적이

미선나무와 산수유, 국립현대미술관 서울관(사진 온수진)

옥매화, 세종대로

조팝나무와 박태기, 국립현대미술관 서울관

채진목, 가회동

이스라지, 광화문

히어리, 경복궁

진달래, 경복궁

다. 제주도 자생식물인 채진목은 4월 중순부터 흰 꽃이 나무 전체로 흐드러지게 피어난다. 6월에 상큼한 베리 열매를 맺기에 준베리June Berry라는 이름으로 육종되었고, 하얀 줄기가 고혹적이고 오렌지빛 단풍이 아름다워 영국에서 가장 인기 있는 정원식물로 손꼽힌다.

박태기나무는 진한 자주빛 꽃이 줄기 전체에서 직접 피어나 가지가 보이지 않을 정도로 시각적 효과가 커 정원의 봄 분위기를 확 바꾼다. 둥근 잎도 열매로 매달린 콩꼬투리도 귀여워, 모아심기보다 제법 큰 나무 한두 그루로 포인트를 주면 아주 효과적이다. 이어 등장하는 참꽃나무는 제주 원산으로 진달래와 유사하지만, 꽃잎이 더 얇고 색이 강하다. 가지가 멋스럽게 뻗어나가므로 정원에 한그루씩 심어 자유롭게 자라게 두어도 매력적이다.

조금은 생소할 수 있는 팥꽃나무는 보랏빛 작은 꽃이 가지를 따라 빼곡히 피어 존재감이 높다. 작고 조용한 꽃이지만 색이 깊고 개화량이 풍성하다. 이른 봄 볼 수 없는 보라색 색상을 책임지는 조연 같은 역할로, 개나리나 희어리 같은 밝은 꽃들과도 잘 어울린다. 그리고 마지막, 정원

2024 서울국제정원박람회 작가정원, 뚝섬한강공원

의 봄을 매듭짓는 꽃은 옥매화다. 순백의 꽃을 피우는 이 나무는 나무 가득 꽃으로 뒤덮여 모든 보행자들의 눈길을 휘어잡는다. 철쭉이 피기 직전 활짝 꽃을 피우며 봄의 완성을 노래하는 꽃이라 할 수 있다.

이 열 가지 화관목은 단지 '일찍 피는 꽃나무'가 아니다. 겨울과 봄 사이에 가득 차 있는 차가운 불안을 밝은 꽃으로 날려주어, 봄을 앞당겨 준다. 봄이 오고 있음을 명징한 색과 향으로 환기시켜, 봄을 준비하게 한다. 이 꽃들을 적절히 정원에 심고 돌본다면 두 달 가까이 봄을 길게 느낄 수 있다. 대신 잎보다 꽃이 먼저 오는 수고로움으로 인해 꽃이 진 후엔 조금 더 잘 돌봐주어야 한다. 추운 날 자신의 역할을 이미 충실히 한 탓이다. 이 꽃들이 주변에 더 많아지길 기대해 본다.

이 화관목들은
단지 '일찍 피는 꽃나무'가 아니다.
겨울과 봄 사이에 가득 차 있는 차가운 불안을
밝은 꽃으로 날려주어, 봄을 앞당겨 준다.
봄이 오고 있음을
명징한 색과 향으로 환기시켜,
봄을 준비하게 한다.

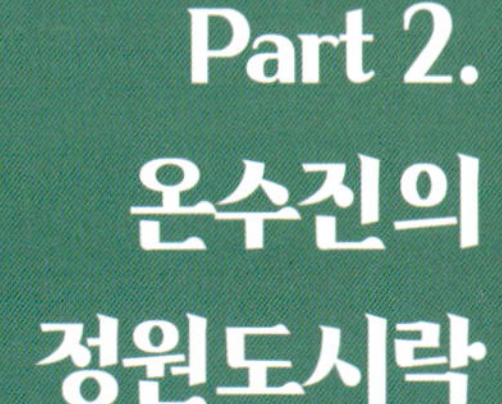

Part 2.
온수진의
정원도시락

점점 흙이 없는 도시가 되니
외려 흙길을 찾는 것인지,
맨발걷기는 현재 공원에서 가장 핫한 이슈다.

요즘 공원

은퇴하신 회사 선배들과 이야기 나눌 기회가 있었는데, '건강, 돈, 친구'가 제일 중요하다고 반복해 강조하셨다. '돈'이야 어렵겠으나, '건강'과 '친구'라면 그래도 공원이 제법 커버할 수 있겠다 싶었다. 기실 공원의 발단이 1832년 영국 런던의 콜레라 대유행과 연관이 클 정도로 공원과 건강은 한 몸이나 다름없다. 공원에서 산책과 달리기 등 운동을 통한 시민의 건강뿐 아니라, 맑은 공기와 생태계 조절 등 도시의 건강까지 연관되기 때문이다. 이런 건강 측면으로 요즘 공원에서 유의미한 움직임이라면 '맨발 걷기 붐'과 '야외체육시설의 진화'가 손꼽힌다.

점점 흙이 없는 도시가 되니 외려 흙길을 찾는 것인지, 맨발걷기는 현재 공원에서 가장 핫한 이슈다. 어찌 보면 건강의 영역을 벗어나 신화의 영역에 다다를 정도. 거친 산길을 맨발로 걷는 건 기행에 가까웠는데, 2006년 대전 계족산 황톳길(14㎞)을 시작으로 2020년 서울 양천구 안양천 황톳길(570m)과 강남구 양재천 황톳길(600m) 조성 등을 통해 맨발걷기용 흙길이 공원 제도권으로 진입했다. 물론 맨발공원으로 불리던 지압보도도 있었다. 밀레니엄 전후로 주요 공원마다 자갈, 사고석 등의 재질로 지압로가 조성돼 선풍적 인기를 끌었고 현재도 일부 남아있지만, 이젠 이용률이 극히 저조해지며 사라져간다. 영원히 변하지 않을 것 같은 공원도 개별 시설마다 끊임없이 경쟁하고 흥망성쇠를 겪는 걸 보여주는 대표적 사례다.

공원으로 진출한 황톳길에서 수년간 경험이 쌓이고 민간단체가 태동하고 몇몇 언론보도를 통해 맨발걷기의 장점이 증폭되는 과정을 거치며, 2022년부터는 공원 내 흙길 조성 요구가 본격적으로 대두됐다. 2023년부터 양천구는 현황조사를 거쳐 총 20개소 3.7㎞의 맨발흙길 기본계획을 수립·추진 중이고, 전국 주요 공원마다 황톳길 등 맨발흙길 조성이 쇄도한다. 신규 조성뿐 아니라 자연발생적으로 활성화된 공원 내 흙길을 정비하는 방식도 활발하고, 시설 측면에서도 황톳길과 마사토길, 건식 흙길과 습식 흙길로의 분화와 배수를 위한 황토 배합비 조절, 이용 편의를 위한 세족장, 신발장, 비닐하우스, 방수포 설치 등 다방면으로 진화 중이다.

건강 측면에서 요즘 공원의 또 다른 이슈는 야외체육시설의 진화다. 2000년대 초반 공원에 처음 도입된 야외체육시설은 종목 확대와 내구성·디자인 개선 수준에 머무르다, 팬데믹을 거치며 폭발적으로 진화했다. 초기 집합 금지와 거리두기로 인해 인기를 끌며 공스장(공원+헬스장), 산스장(산+헬스장) 같은 유행어를 만들더니, 팬데믹이 지속되며 높아진 수요는 난이도 높은 근력운동과 맨손 복합운동기구로는 물론, 난이도 낮은 어르신을 위한 감각 운동기구로까지 확대시켰다. 비가림 시설과 조합해 일상성도 높였고 에너지 생성까지 스마트하게 뻗어나가면서, 상대적으로 배제되었던 청년과 여성까지 폭넓게 포용하는 중이다.

두 번째 주제인 '친구'로 넘어가기 전에 소개하고픈 중첩

습식 흙길과 건식 흙길, 보라매공원

된 사례가 도심 공원과 거리에서 자주 만나는 러닝 크루
Running Crew다. 주로 평일이나 일요일 저녁, 젊은 직장인
이나 학생 그룹이 깔끔한 복장으로 줄지어 달린다. 건강
을 챙기면서도 느슨한 팀워크를 구축해 안전성과 참여도
를 높이는데, 볼 때마다 흐뭇하다. 이런 낮은 단계의 관계
망은 '혼자'를 강조했던 팬데믹을 거친 이후 도시에서 자
주 볼 수 있는 트렌드이기도 하다.

'친구'라 표현했지만 '관계'로 해석하는 것이 조금 더 정확
할 것이다. 공원은 혼자 찾는 사람도 많고 또 그만큼 다양
한 관계망이 동반되기도 한다. 가족이나 연인과 피크닉을
위해 찾는 경우도, 친구와 함께 운동을 즐기는 경우도, 반
려견 등 반려동물과 동반하는 경우도 있다. 특히 전국에
600만 명命 정도로 추산되는 반려견은 요즘 공원의 주 이
용객으로서 큰 변화를 이끈다.

2004년 최초로 서울 능동 어린이대공원에 반려견 놀이터
가 생긴 후, 여러 노력에도 불구하고 번번이 지역 주민들의
완강한 반대를 넘어서지 못한 경우가 많았다. 하나 인구 4
명에 1명꼴, 약 1,300만 명까지 반려인구가 늘면서 상황

은 역전됐다. 특히 팬데믹을 지나며 반려동물 입양률이 연간 20% 가까이 증가하니, 반대 목소리를 드높이시던 어르신들의 데시벨이 크게 낮아졌다. 현재 서울시 공원 내에만 반려견 놀이터 23개가 운영 중이며, 그 중 양천구도 7개로 30%를 차지한다. 특히 양천구 목동IC 남측녹지대에 개장하는 '목동반려숲'은 녹지공간 전체를 반려견 테마로 꾸몄다. 앞으로 모든 공원에 다양한 형식의 반려견 놀이터가 도입될 뿐 아니라, 교육기관, 보호소, 보건소, 캠핑장 등 반려동물 테마시설도 확대될 것이다.

반려동물뿐인가? 팬데믹은 반려식물에 대한 관심도 키웠다. 즉각적 반응이 특징인 반려견과 스마트폰에 대응하는 '느린 관계 맺기'다. 집에서의 반려식물은 공원에서의 텃밭과 정원으로 확장되는데, 모두 가드닝의 영역이다. 요즘 공원에서 식물 관련 최대 이슈는 '정원'으로, 전국적인 정원도시 트렌드와 맞물리며 도시의 공원과 거리를 다채로운 정원으로 바꾸는 중이다. 서울시는 2023년 5월 정원도시 선언에 이어 2024년 봄에만 1,000개의 매력정원을 조성한다고 발표했다. 양천구도 도시 곳곳에 25개의 매력정원을 일구는 상황. 우리는 왜 이렇게 공원과 거리에 정원을 만들려 노력할까? 정원이 갖는 아름다움과 계절감과 색과 향기와 질감의 매력도 그 이유겠지만, 근본적으로는 복잡한 도시 속에서 인간이 자연과 더 밀착된 관계를 맺고 싶은 욕망일 것이다. 그런 측면에선 모두 '반려'식물인 셈. 집에서의 반려식물도 공원 내 정원의 확산도, 불안하고 외로운 도시의 삶에 대한 대응이며 이 노력들로 인해 공원과 거리는 더 많은 가드너들이 함께 가드닝하는 정원도시로 향해 있다.

반려동물·반려식물에서 확장된 생태적 관계망 또한 중요하다. 기후위기의 신호로 받아들이는 꿀벌의 실종 등 작은 곤충류의 생멸生滅부터 숲에서 마주치는 너구리, 강에서 살아가는 새와 물고기와 수달까지 서로 연결되며 큰 위기에 함께 대응한다. 공원에서 생물다양성에 진력해야 하는 이유다. 최근 몇 년 새 시민과학자들의 노력으로 안양천 철새보호구역에 새들이 조금씩 늘어나는 결과를 얻었다. 지속적인 조사 데이터를 바탕으로 겨울철 공사 자제나 갈대군락지 관리 등에 목소리를 내주신 덕분이다. 2024년부턴 양천구에서 활동하는 자원봉사자 '에코친구'도 함께 참여한다. 결국 공원을 중심으로 사람과 사람뿐 아니라 도시와 자연까지 서로 함께 '관계' 맺음으로써 우리도 도시도 지구도 더 안전해진다.

해방과 한국전쟁 이후 70여 년간 경제발전과 민주주의라는 목표를 향해 모든 분야마다 부지런히 달려왔지만, 세계 최고의 자살률과 세계 최저의 출산율을 성적표로 받았다. 물론 괄목할 만한 경제성장을 거뒀고 민주주의도 지속적으로 향상시켜 왔지만, 결국 우리 사회는 자식을 가지길 거부하는 또 스스로 삶을 소거하는 마음이 가장 강한 나라가 된 셈이다. 출산율의 추락은 젊은 세대가 불안감에 휩싸여 미래를 비관하는 것이고 자살률의 상승은 어르신 세대가 외로움에 휩싸여 현재를 비관하는 것으로 분석할 수도 있겠지만, 결국 생명의 관점에선 가장 본능적 욕구인 생존과 번식을 선택적으로 포기하는 '불임사회'에 돌입했고 또 돌진해갈 태세인 셈이다.

도시는 더 심각하다. 2023년 우리나라 합계출산율 0.72명에 비해 서울은 0.55명 수준이다. 도시에 사는 젊은 세대들이 도시에서의 삶을, 도시의 미래를 더 비관적으로 본다는 얘기다. 불안감과 외로움이 지배하는 불임사회의 이

엄중한 현실에 대해 도시와 공원과 시민은 어떻게 대응해야 할까? 큰 틀에서는 포용도시일 것이고 자연에 대해서는 생태도시일 것이며 공공공간과 개인의 영역에선 정원도시일 것이다. 건강하게 서로 관계 맺고 진화를 통해 위기에 대응하는 것이 요즘 공원에 요구되는 핵심 과제다.

2025 서울국제정원박람회 기업정원, 보라매공원

불안감과 외로움이 지배하는
불임사회의 이 엄중한 현실에 대해
도시와 공원과 시민은 어떻게 대응해야 할까?

바쁜 도시인들이 잠시나마
그곳에 머물길 바란다면
의자는 필수다.
공원은 도시의 쉼표고
의자는 공원의 쉼표다.

2024 서울국제정원박람회 작가정원, 뚝섬한강공원

의자에 머무는
공공공간의 환대

2024년 4월 말 안양천공원에 스무 개 정도의 의자를 설치했다. 2023년 환경부가 양평교 주변 1만5000㎡ 둔치에 초화원을 조성하면서 수변 산책로와 포켓 쉼터를 설치했는데, 쉼터에는 정작 의자 없이 포장만 해놓았기 때문이다. 물멍하기 맞춤한 장소라 오래 앉을 수 있는 등의자를 골라야 했는데 간혹 침수가 되는 곳이라 한참을 망설였다. 홍수가 무서운 것이 물만 덮치는 게 아니라 토사는 물론 각종 나뭇가지와 풀, 쓰레기 등이 뒤엉켜 내려오는데, 의자와 같은 시설에 달라붙으면 수압을 받는 면적이 커지며 뿌리째 뽑힐 수 있기 때문이다. 장고 끝에 외발로 선 단순

한 등의자를 골라 설치했고, 지나는 분들이 간간이 물명하며 다리쉼을 하신다. 끝났나 싶었지만 곧 햇볕이 따가워지는 철이라 다시 고민에 들었다. 결국 쉼터마다 그늘목을 심기로 하고 강가에서 잘 버티면서도 겨울 철새들 먹이로 유익한 참느릅나무를 수배했다.

동네 자그마한 어린이공원에 그늘막 주변으로 각양각색 1인용 의자들이 모인 걸 볼 수 있다. 모든 공원은 아니고 주변에 어르신이 많이 사셔서 서로 어울리는 분들이 많고 그늘이 깊은 공원일 경우다. 동네 어르신들이 개별적으로 가져다 놓으신 일명 '움직이는 의자'인데, 추울 때는 햇볕으로 더울 때는 그늘로 비올 때는 비가림 아래로 이동한다. 등받이가 있고 푹신한 재질이 많으며 간혹 바퀴가 달린 경우도 있다. 작은 공원엔 의자가 제한적이라 고객의 니즈를 충족시키지 못하니 서비스를 자급하는 방식인데, 어르신 특성상 오래 머무르셔야 하니 등받이가 없으면 지속성이 떨어지고, 딱딱한 재질도 부담이고, 무엇보다 기민하게 움직일 수 있어서다. 문제는 불법이라는 이유로 철거를 요구하는 반대 민원인데, 내키지는 않지만 적절한 위치와 방향으로 의자를 추가하면서 조금씩 양보하는 차선책으로 수

렴되기도 한다.

움직이는 의자는 햇볕과 그늘을 찾거나 고독과 대화를 위해 의지대로 이동시킬 수 있어 이용자에게 권한과 책임을 부여하며 자존감을 높이는 순기능이 크나, 훼손과 분실에 대한 관리 우려 또한 상존해 공원의 오랜 쟁점이었다. 이제는 고객을 환대하는 상징으로써 공원에 적극적으로 도입해야 할 때다. 양천구는 2022년 파리공원에 시범적으로 도입했고, 2023년 말 리노베이션한 오목공원에선 설계자의 의도에 따라 전면 시행했다. 비를 피할 수 있는 오목공원 회랑 아래론 부드러운 라탄의자와 테이블이, 그늘 깊은 숲라운지에는 철재 가든벤치와 테이블이 설치되어 인기를 독차지한다. 아직 단 1개만 분실되었을 정도로 잘 지켜지고 있어 큰 걱정은 덜었으나, 외려 입소문이 나면서 이용객이 늘어 지속적으로 추가해야 하는 행복한 상황이다.

의자와 관련된 또 다른 쟁점 중 하나는 팔걸이를 빙자한 노숙인 배척 장치다. 많은 짐을 동반하며 심각한 냄새를 풍기고 (술에 취해) 의자에 누운 노숙인을 좋아하기는 누구도 어렵다. 하나 분명한 것은 특별한 사회적 계기가 없는

다양한 형태의 앉는 의자를 선보인 "앉는 정원", 2024 서울국제정원박람회 초청정원, 뚝섬한강공원

움직이는 의자가 설치된 오목공원

한 노숙인은 크게 늘어나지 않으며, 더더군다나 의자 때문에 노숙인이 생기는 것도 아니라는 사실이다. 누군가를 배제하려는 건 늘 부메랑으로 돌아온다. 우리도 혹여 응급 상황 등으로 공원에서 잠시 누워야 할지도 모르니 말이다. 정 어렵다면 1인용 의자를 놓는 한이 있더라도, 도시의 품위를 내려놓지는 말자. 차별은 인권의 문제이며 공공공간의 태생적 취지와도 걸맞지 않는다.

이렇듯 공원을 관리하는 일에도 세심한 배려가 필요하다. 사람뿐 아닌 방문하는 뭇 생명에게도 환대를 제공해야 하기 때문이다. 특히 바쁜 도시인들이 잠시나마 그곳에 머물길 바란다면 의자는 필수다. 공원은 도시의 쉼표고 의자는 공원의 쉼표다. 삭막한 도시라는 표현도 한편으론 몸 누일 공간(집)도 몸 쉴 공간(의자)도 부족한 탓일 테니, 우리가 유독 카페에 집착하는 것도 이해가 된다. 점심때마다 직원들과 카페를 찾는데, 커피 맛이 우선이지만 멋진 경관과 쾌적한 공간과 편안한 의자도 중요한 기준이다. 언제나 우리를, 아니 우리의 카드를 환대하는 공간이지만, 아뿔싸, 자리가 없는 경우도 다반사고, 원하는 자리는 늘 귀하고, 아니, 원하는 숫자만큼의 자리마저도 쉽지 않다. 어쩌

면 이리도 도시의 공간들과 빼닮았는지.

이런 빈틈을 메우는 완충공간이 공원과 같은 공공공간이라 무척 소중하다. 특히, 의자는 공공공간이 제공하는 환대의 수준과 정비례하는데, 도시에서 늘 공원이 부족한 것처럼 공원에서도 늘 의자가 부족하기 때문이다. 특히, 그늘 깊은 숲, 멋진 전망, 시원하고 맑은 물, 사랑스러운 아이를 바라보는 자리에 의자는 더 놓여야 한다. 그래야 더 머무른다. 상업 서비스가 금과옥조로 여기는 게 체류시간인데, 공원도 마찬가지다. 경쟁력이 높다는 것은 기꺼이 오랜 시간을 내어 줄 만큼 감동받는 것이고, 의자는 그 핵심이다. 누구나 소중한 시간을 편안하게 보내려는 욕망을 충분히 받아 안는 공원을 꿈꾼다. 도시인의 자존감을 높이는 공공공간의 환대가 온갖 위기 속에서도 결국 도시를 구할 것이다.

그늘 깊은 숲, 멋진 전망,
시원하고 맑은 물,
사랑스러운 아이를 바라보는 자리에
의자는 더 놓여야 한다.
그래야 더 머무른다.

2019 서울정원박람회 작가정원, 해방촌

고민스러운 지점은
정원도시가 슬로건에 그치지 않고,
도시의 근원적 DNA에 새겨지고
시민의 일상 문화와 인식에까지
깊은 공감대를
가질 수 있겠느냐는 점이다.

손에 잡히는
정원도시

유행처럼 확산되는 정원도시 추진 소식을 접할 때마다, 반가움만큼이나 한켠으로 살짝 피로감도 든다. 섬세한 전략 없이 홍보용으로 지르고 보자는 태도나, 적은 예산으로 손쉽게 따라 할 수 있겠다는 만만함이 느껴지기도 한다. 기실 정원도시 이전에도 환경도시, 생태도시, 문화도시, 여성·노인·장애인 등 각종 친화도시와 스마트시티, 평생학습도시 등 각종 도시 슬로건이 난무하고, 별다른 차별성 없이 소멸 또는 공전해 온 탓이다. 도시 슬로건을 유행어처럼 소모하는 우리 사회의 문제적 특징도 분명하지만, 정원도시는 기후위기, 종다양성 파괴, 인간소외, 지방소멸 등 시대적 과제들에 대해, 화려하진 않으나 분명한 대응책으로 주목받는 점도 부인할 수 없다. 확장일로인 정원도시에 대한 정교한 비전과 전략을 고민해야 하는 시점인 이유다.

시의적절하게 정원도시를 체계화하려는 노력도 다각도로 진행 중이다. 2024년 10월 한국조경학회지에 게재된 '국내 정원도시 프로젝트 추진 동향과 쟁점'(이명준 한경대학교 식물자원조경학부 교수 등)에서는 정원도시의 동향과 문제점을 상세히 짚었고, 2024년 12월 출간된 '현대 정원도시의 다원적 기능 구현을 위한 계획방향 연구'(건축공간연구원 김용국 박사 등)에서는 정원도시가 갖는 쟁점과 다양한 기능, 향후 추진과제까지를 꼼꼼히 챙겼다. 산림청도 '정원도시 조성 가이드라인'을 만들기 위해 2025년 2월 19일 세종수목원에서 토론회를 개최하는 등 정원도시 개념과 육성계획의 수립·시행 등 관련 법안을 준비 중이라, 곧 정원도시에 대한 법적 근거 및 가이드라인이 구체적으로 마련될 듯싶다.

그럼에도 손에 잡히지 않는 불안감은 여전하다. 2025년 2월 토론회에서 "정원도시가 개념인지? 정책인지? 사업인지?"를 문제 제기한 서영애 대표(조경기술사사무소 이수)의 발제나, 도시계획에 충분히 녹아들지 못한 정원도시 사업들이 지속가능성을 가지기 어렵다는 뿌리 깊은 불신, 나아가 도시계획에 녹아든다 한들 여러 분야 사업 중 하나로 전락해 장식품처럼 취급받는 위계상 우려까지, 불안감의 층위도 다양하다. 하나 개인적으로 더 고민스러운 지점은 정원도시가 슬로건에 그치지 않고, 도시의 근원적 DNA에 새겨지고 시민의 일상 문화와 인식에까지 깊은 공감대를 가질 수 있겠느냐는 점이다.

곰곰이 생각해보면 일상 문화나 공감대는 본래 손에 잡히지 않는 것이다. 그린인프라라 불리는 정원과 공원녹지, 숲과 하천 등 눈에 보이는 도시의 하드웨어와 달리, 그 물리적 공간 안에서 일어나는 여가, 놀이, 체험, 이벤트, 프로그램, 축제 등 소프트웨어는 물성이 없어 손에 잡히지 않는다. 손에 잡히지 않는다고 해서 존재하지 않는 것이 아니듯, 우리가 잘 인식하지 못하기에 더 위태로운 측면도 있다. 눈에 잘 뜨이는 하드웨어 조성에는 예산을 쏟아 부어도, 이후 하드웨어의 운영 최적화를 위한 예산에는 눈을 감는 폐단과 맞닿는다. 소프트웨어의 실패는 소프트웨어만의 실패가 아니다. 소프트웨어의 실패로 인한 하드웨어

어디든지 정원,
무엇이든 화분!

서울정원
박람회

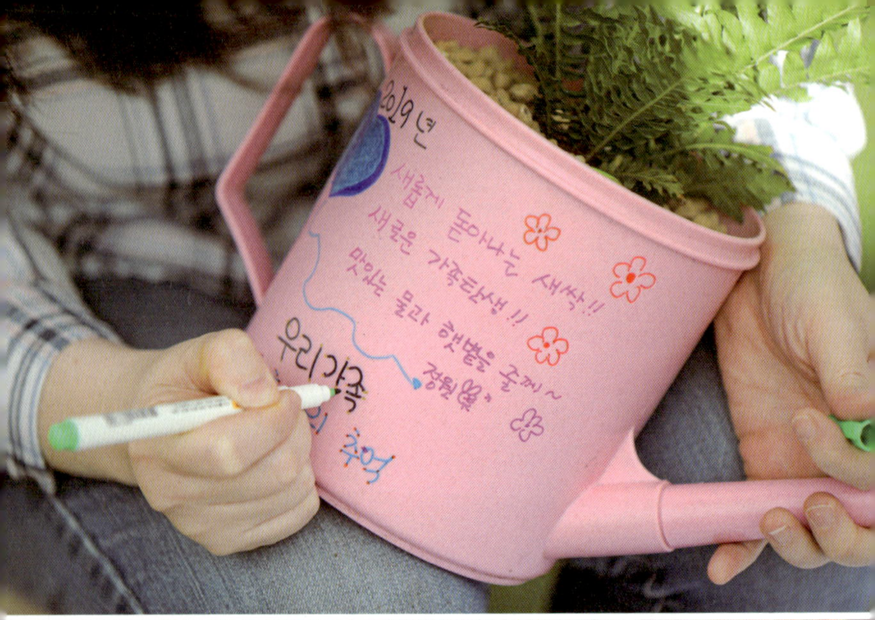
2019년
새롭게 돋아나는 새싹!!
새로운 가족탄생!!
맛있는 물과 햇볕을 줄께~
정원
우리가족

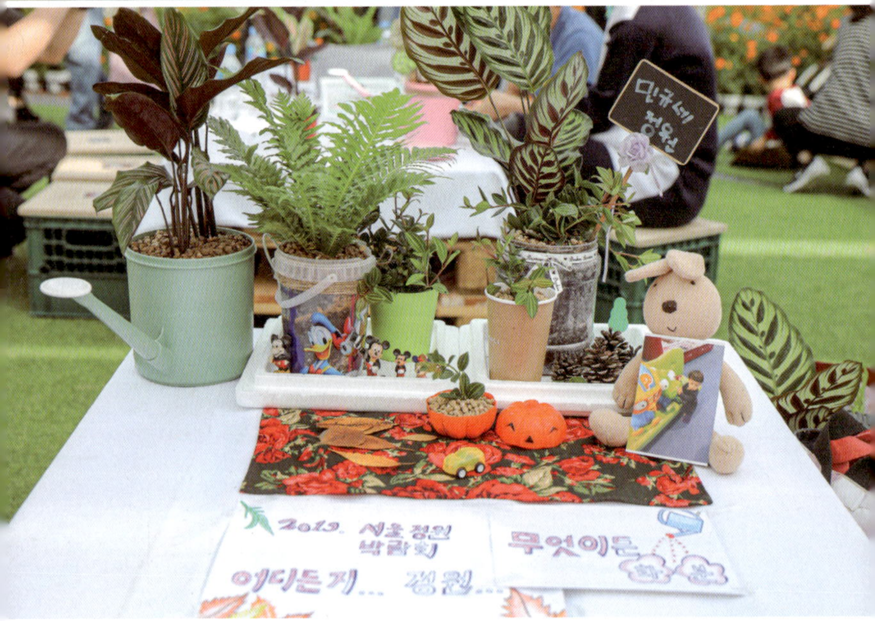
민규네 정원
2019. 서초정원 박람회
어디든지... 정원...
무엇이든 화분

와 소프트웨어의 불균형은 결국 하드웨어마저도 실패하게
끔 한다.

서울시의 다양한 그린인프라에서 운영되는 소프트웨어는
2022년 8월 신설된 공원여가사업과(4급)에서 총괄하고, 5
개 서울시 직영 사업소 산하 공원여가과와 25개 자치구별
공원여가 부서를 중심으로 실행된다. 2025년 총 770회 1
만 명의 시민을 대상으로 진행하는 '서울형 정원처방'이
대표적이다. 산림치유센터, 숲길, 둘레길, 유아숲체험원
등에서 진행되는 숲과 정원에서의 체험 및 치유 프로그램
은 어르신, 청년, 유아·어린이, 가족은 물론 소방관 등 업
무로 인한 트라우마를 겪는 직업군까지 아우른다.

물론, 이 정도의 규모와 수준에 이르기까지 꽤 오랜 과정
을 거쳐 왔다. 1997년 9월 우리나라 첫 생태공원인 여의
도샛강생태공원이 개원하고, 당시 최병언 관리소장이 방
문객들에게 진행한 생태해설이 공원에서 개최된 첫 여가
프로그램이었다. 이듬해인 1998년 3월 남산야외식물원이
개원하면서 당시 담당자였던 오충현 주무관(현 동국대학교 교
수)이 자원봉사자인 '남산지기'를 양성하며 운영한 다양한

생태프로그램이 뒤를 이었고, 1999년 5월 개원한 길동생
태공원에서 생태분야 자원봉사자인 '길동지기'가 양성되
어 모니터링과 프로그램을 진행한 것이 현재에까지 이른
다. 다음해인 2000년 5월 시작된 '숲속여행 프로그램'은
'숲해설'이라는 새로운 분야를 만들어냈고, 이러한 흐름이
30년 가까이 이어지며 연간 1만 명을 대상으로 한 소프트
웨어 체계가 구축된 것이다.

정원도시의 핵심 인적 자원인 시민정원사 양성도 마찬가
지다. 2012년 11월부터 겨우내 선유도공원에서 97명의
도시정원사가 처음 양성된 후, 서울시에서 이를 발전시켜
2013년 시민조경아카데미, 2014년 시민정원사 이론실습
과정, 2015년 시민정원사 봉사인턴과정(30주)으로 확대되
며 1년 6개월간의 교육과정을 수료한 제1기 시민정원사
119명이 처음 위촉되었다. 이후 매년 70~80명씩 2024년
까지 총 850명의 시민정원사가 배출되어 정원도시 서울의
첨병으로 맹활약 중이다. 자치구별로 활동하는 마을정원
사 양성도 붐이다. 2018년 9월 노원구 마을정원사 양성이
시작된 후, 강동구, 양천구, 성동구, 광진구, 영등포구 등
10개 자치구에서 544명의 마을정원사가 양성되어 열혈

활동 중이다. 올해 처음 마을정원사를 양성하는 송파구, 성북구 등 자치구 5곳을 비롯해 올 한 해 동안에만 무려 816명의 마을정원사가 새로이 양성된다. 결과적으로 오는 연말에는 마을정원사만 1,360명에 달하게 될 것이고, 9백여 명이 될 시민정원사까지 합하면 서울이라는 도시에서 활동하는 정원사만 2,300명에 육박하게 된다.

정원사까지는 아니더라도 시민들이 언제든 가드닝을 접할 수 있는 프로그램 또한 소중하다. 서울시는 '어딜가든 가드닝'이라는 이름으로 세대별, 대상별 맞춤형 가드닝 프로그램을 운영하고 있다. 어린이집으로 찾아가는 가든스쿨, 청년 가드닝 크루, 직장인을 대상으로 카페에서 운영하는 퇴근 후 정원생활, 노인복지시설에서의 슬로우 가드닝까지, 연간 3,400명을 대상으로 가드닝 프로그램을 운영 중이다. 이러한 가드닝 프로그램을 안정적으로 운영하기 위한 정원센터도 급속히 확대하고 있다. 서울시는 2025년 3월 남산 N서울타워 4층에 공간 후원을 받아 정원문화힐링센터를 새롭게 열고 주기적인 가드닝 프로그램을 시작했다. 2018년 9월 마곡 서울식물원에 문을 연 '어린이 정원학교'가 그 시초이고, 2021년 4월 문을 연 노원구 정원

2025 서울국제정원박람회, 보라매공원

지원센터가 두 번째인데, 현재 서울 곳곳에 10개소의 정원센터가 운영 중이며, 2025년 말까지 6개소가 추가로 문을 열 예정이다. 이러한 거점공간은 정원도시의 소프트웨어를 확산시키는 전초기지로서 무척이나 소중하다.

긴 겨울이 끝나고 봄의 일상을 되찾았다. 꽃이 만발해 봄을 느끼는 것이 아니라 마음이 평안해지며 비로소 꽃이 눈에 들어와 봄임을 안다. 정원도시가 손에 잡히지 않았던 이유도 이처럼 공감의 문제이고, 다시 말하면 손에 잡히지 않는 것을 충분히 배려하지 못했기 때문이다. 손에 잡히는 하드웨어로써 정원만이 아니라, 손에 잡히지 않는 소프트웨어에 대한 전략이 무엇보다 중요한 이유다. 하드웨어 계획 우선의 정원도시Garden City가 시민이 정원을 가꾸는 도시Gardening City로, 나아가 모든 시민이 정원사인 도시 Gardner's City로 계속 진화할 때, 그 정원사의 '손에 잡히는 정원도시'가 우리의 일상과 공감대를 풍성하게 채울 것이다.

하드웨어 우선의 정원도시가
시민이 정원을 가꾸는 도시로,
나아가 모든 시민이 정원사인 도시로
계속 진화할 때,
'손에 잡히는 정원도시'가
우리의 일상과 공감대를 풍성하게 채울 것이다.

이들의 성공방정식은
고유성, 새로움, 치열함, 시대성이다.

2024 서울국제정원박람회 기업정원, 뚝섬한강공원

노벨문학상과 정원도시의
성공방정식

불현듯 찾아온 한강 작가의 노벨문학상 수상 소식은 순간 눈물이 울컥할 만큼 감동적이었다. 좋아하는 작가이기 이전에 같은 동네 주민이자 늘 지나는 골목의 독립서점 주인이 노벨문학상 수상자라니. 이젠 노벨상 수상작을 원어로 읽는 사람의 반열에 올랐다며 객쩍은 문화적 자긍심까지 덩달아 들썩였다. 스웨덴 한림원은 '역사적 트라우마와 보이지 않는 규칙에 맞서고, 인간 삶의 연약함을 폭로하며, 산 자와 죽은 자 사이의 연결에 관한 독특한 시각을 가진 강렬한 시적 산문'이라 평했고, AP통신은 "봉준호 감독의 '기생충', 넷플릭스 시리즈 '오징어 게임' 등의 성공과 방탄소년단, 블랙핑크 등 K팝 그룹의 세계적인 명성을 기반으로 한국 문화의 영향력이 커지는 시기에, 아시아인 여성이 최초로 수상"한 점을 성과로 꼽았다.

노벨문학상에 비견하긴 어렵지만 상 이야기라면 조경 분야에서도 최근 감격할 사례가 여럿 있었다. 2025년 내내 국립현대미술관 전시 '이 땅의 숨 쉬는 모든 것을 위하여'와 다큐멘터리 영화 '땅에 쓰는 시'로 큰 반향을 일으켰던 정영선 조경가는 작년 말 세계조경가협회IFLA로부터 세계적으로 인정받는 최고의 조경가에게만 수여하는 제프리 젤리코 상을 받았다. 우리나라 조경의 살아있는 역사라 불려도 손색없는 정영선 조경가에게 주최 측은 "청계천 복원, 선유도공원과 같은 프로젝트를 통해 한국의 조경 디자인을 개척하고 주도했을 뿐 아니라 서구에서 유래한 생소한 풍경Landscape 개념을 한국의 땅에 맞게 풀어냈다"고 수상 이유를 밝혔다.

영국 첼시 플라워 쇼에서 3번이나 수상한 황지해 정원작가도 빼놓을 수 없다. 2011년 전통 화장실을 정원으로 승화한 '해우소'로 '아티즌 가든' 부문 최고상을, 다음 해인

2012년 'DMZ: 금지된 정원'으로 주요 경쟁 부문인 '쇼 가든'에서 전체 최고상(회장상)을 연이어 받으며 국제적으로 이름을 알렸다. 오랜 투병기를 이겨낸 황 작가는 10여 년 만인 작년 5월 다시금 첼시 플라워 쇼 '쇼 가든' 부문에서 지리산과 약초건조장을 재해석한 '백만 년 전으로부터 온 편지'로 금상을 받았는데, 한국의 고유한 자연과 그곳에 녹아든 약초와 치유의 문화를 밀도 있게 표현했다는 평가를 받았다.

상복이 터졌다는 표현은 서울 양천구 오목공원에 걸맞다. 2024년 10월 25일 성수동 코사이어티에서 진행된 '2024 대한민국 공공디자인 대상' 수상식에서 오목공원을 설계한 박승진 조경가(Design Studio LOCI 대표)와 양천구가 대상(대통령상)을 받았다. 대통령상으로 훈격이 높아진 첫해 대상작으로 리노베이션된 공원이 선택된 건 다소 파격적이다. 이로써 오목공원은 '서울시 조경상' 대상과 '대한민국 국토대전' 한국경관학회장상까지 3관왕이 되었다. 아니, '대한민국 고효율·친환경 주거 및 건축기자재 대상'과 '대한민국 조경대상'처럼 선정은 되었으되 훈격 때문에 어쩔 수 없이 고사한 것까지 합하면 5관왕인 셈. 이러한 과분

'대한민국 공공디자인 대상'과 '서울시 조경상' 대상을 연달아 수상한 오목공원

정영선 조경가가 설계한 선유도공원

한 평가는 기존의 것을 존중하면서도, 회랑이라는 파격적인 디자인으로 하드웨어를 재편함으로써 기후위기 극복과 사회적 소통의 기반을 갖춘 점과 주민의 애정 어린 이용과 혁신적인 콘텐츠라는 소프트웨어가 씨줄과 날줄처럼 잘 엮어진 결과다.

층위와 맥락은 다르겠지만 높은 평가와 큰 상을 수상하는 데 바탕이 되는 공통점이랄까, 속된 표현처럼 일종의 성공 방정식은 무엇일까? 먼저, 고유성이다. 한강 작가의 작품은 5.18 광주 민주화운동과 제주 4.3사건 뿐 아니라 한국 여성의 고유한 처지를 날것으로 드러낸다. 정영선 조경가와 황지해 정원작가도 한국에 대한 고유성을 재현하거나 한국이라는 필터로 재조성한 콘텐츠를 통해 높은 평가를 받았다. 정영선 조경가가 '검이불루 화이불치儉而不陋 華而不侈(검소하되 누추하지 않고 화려하되 사치스럽지 않다)'와 같은 원류를 바탕으로 미나리아재비 같은 소박한 우리 꽃을 발굴하거나, 황지해 정원작가가 지리산을 통째로 런던으로 옮겨오고 싶었다는 기획 등이 대표적이다. 오목공원 또한 리노베이션이라는 작업 특성상 기존 구조와 자연과 이용 패턴까지 충분히 존중하는 태도가 높은 평가의 바탕이 되었다.

두 번째는 새로움이다. 1997년 발표되었던 한강 작가의 단편소설 '내 여자의 열매'에서 나무로 변해가는 기혼 여성의 이야기가 '채식주의자'로 연결되며 큰 반향을 일으킨 것이 벌써 20년 전이다. 정영선 조경가가 설계한 선유도공원(2002)은 우리가 외국 사례로만 배워왔던 산업유산의 리뉴얼을 넘어 한강의 재발견과 자연주의 정원에 이르는 새로운 기준점으로 오래전부터 자리 잡았다. 황지해 작가의 해우소, DMZ, 지리산이라는 주제 자체가 주는 새로운 충격파도 컸고, 머무름이라는 아이디어에서 출발한 오목공원의 '회랑'은 미래공원의 현신으로 회자될 정도다.

세 번째는 치열함이다. '악마는 디테일에 있다'는 격언처럼 완성도 있는 결과물만이 그 가치를 제대로 평가받는다. 한림원의 '시적 산문'이란 표현만으로도 한강 작가의 수상은 지극히 공감됐다. 정영선 조경가가 선유도공원 준공일까지도 현장에 나와 꽃을 옮겨 심었다거나, 황지해 작가가 첼시 플라워 쇼 심사를 받으려 입고 나온 드레스 안쪽으로 손과 손톱이 온통 새카맣더라는 전설 같은 이야기가 전해질 정도로, 완성도에 대한 치열함이 없다면 아무리 좋은 기획도 환영받지 못한다. 완벽이란 없겠지만 오목공원 또한 구석구석 세심한 설계와 시공에 대해 많은 전문가가 후한 평가를 주시는 것은 예의 그 치열함의 결과물이다.

마지막으로 시대성이다. 역사적 트라우마에 맞선 두 작품 말고도 한강 작가의 작품들은 모든 차별과 배제에 연약한 존재로서 단호히 맞선다. 어쩌면 노벨상 수상 자체가 현 시대정신에 부합한다는 극명한 반증일 테니. 여의도샛강에 대형 주차장을 만들려 한 서울시 직원들 앞에서 김수영 시인의 시 '풀'을 낭송하며 끝내 생태공원으로 지켜낸 정영선 조경가의 일화나 DMZ라는 공간에서 정원을 통해 분단의 치유를 꿈꾼 황지해 작가도 마찬가지다. 잦은 비와 긴 여름으로 대표되는 기후위기의 일상을 '회랑'이라는 새로운 무기로 맞선 오목공원은 그 자체로 이미 새로운 공공공간의 시대적 상징물이 되었다.

수상 후 따라붙는 질문은 늘 "다음은?"이다. '누가 다음에 노벨문학상을 받을까?', '누가 제프리 젤리코 상이나 첼시 플라워 쇼에 도전할까?', '어떤 공공공간이 3관왕을 달성할까?' 같은 즉물적 질문들. 이 질문은 고쳐 말할 수 있다.

‘우리만의 것을 새롭고 치열하게 만들어 총체적 위기에 맞설 수 있느냐’라고. 그다음 이어지는 질문은 예의 “그렇다면 우리는?”일 것이다. 우리가 하는 일을 어떻게 성공시킬 수 있을까? 서울시를 예로 들면 ‘서울국제정원박람회는, 정원도시 서울은 어떻게 성공적으로 실현할 수 있을까?’ 같은 질문이다.

다만 분명한 점은 한국 문화의 영향력이 더없이 커진 이 시대에는 우리가 참조할 모델만 있을 뿐 따라 할 모델은 없다는 점이다. 결국 정원도시는 우리 고유의 문화와 자연을 근간으로, 기존 정책을 재평가하고 새로운 아이디어를 도입해, 시민과 함께 현장에서 치열하게 기획·집행함으로써, 현재 우리 도시가 맞닥뜨린 기후위기와 불평등, 저출생과 지방소멸, 차별과 소외의 문제를 극복하는 과정에서만 실현될 것이다. 이것이 정원도시의 성공방정식이다.

결국 정원도시는
우리 고유의 문화와 자연을 근간으로,
기존 정책을 재평가하고
새로운 아이디어를 도입해,
시민과 함께 현장에서
치열하게 기획·집행함으로써,
현재 우리 도시가 맞닥뜨린 문제를
극복하는 과정에서 실현될 것이다.

정원도시가 단순히
정원을 많이 만드는 방식으로만
이룩될 수는 없을 것이다.
더 중요한 것은 도시 구성원 모두가
이러한 비전을 함께 공감하고
공유해 나가는 컨센서스다.

모든 시민이
정원사인 도시

2024년은 가히 정영선 조경가의 해였다. 마치 한국조경 50주년이 올해였나 싶을 정도. 2024년 식목일에 오픈한 국립현대미술관 서울관의 전시 '정영선: 이 땅에 숨 쉬는 모든 것을 위하여'와 같은 해 4월 17일 개봉한 정영선 조경가의 다큐멘터리 '땅에 쓰는 시'는 몇 개월 동안 장안의 화제였다. 수많은 조경 분야 인력들의 땀방울이 대지에 뿌려진 역사가 바탕이 되었겠으되, 이를 대표해 팔순의 할머니 조경가가 AI가 대세인 이 시대의 핫한 아이콘으로 등극하다니, 그 맥락을 따라 읽다 보면 상상 이상으로 흥미롭다.

2024년 7월 3일에는 국립현대미술관 전시와 연계해 '정영선이 만든 땅을 읽다'라는 학술행사도 열렸다. 방대하다고밖에 표현할 수 없는 정영선 조경가의 작품들을 다종다양한 철학과 경험과 시선과 정책으로 예리하게 읽어내는 자리라 무척 풍성했다. 특히 이 자리에서 김아연 서울시립대 교수는 전 국토가 정원이 되어야 한다는 정영선 조경가의 표현과 전국적으로 정원도시라는 슬로건 아래 비슷비슷한 정원이 만들어지는 현실을 대비하며, 정영선 조경가가 이미 수십 년간 공원 등 다양한 프로젝트에서 보여준 정원들을 재조명할 필요가 있다고 언급했다.

그 순간 십여 년 전 선유도공원 소장 시절이 떠올랐다. 한여름 노루오줌을 주인공으로 다양한 초화류가 어우러지던 '시간의 정원'이 눈앞에 펼쳐지며, 선유도공원에서 시도된 다양한 정원들이 갑자기 소환된 것. 당시 설계자인 정영선 조경가를 모셔 정원이나 시설 개선에 대한 자문을 받거나 도시정원사(이후 시민정원사로 확대) 양성 강의를 부탁드리곤 했는데, 오실 때마다 공원 곳곳을 돌며 공간과 정원의 이야기를 술술 풀어주셨기에 가능한 기억이었다. 생각은 선유도공원 조성시 공사 감독을 했던 선배 공무원들이

"경험해 본 적 없던 다양한 정원형 식재 설계를 고집하며 정영선 조경가가 현장에서 손수 심고 옮기고 하는 바람에 준공일을 맞추느라고 무척 마음을 졸였다"던 하소연 섞인 말씀으로까지 이어졌다.

전국적인 정원도시 붐 속에서 도시의 공원과 가로변 같은 공공공간에 짜임새 있는 정원이 무수히 들어서며 주민들께 선명한 인상을 심어주기 시작했다. 하나 선유도공원이 개장한 지 22년이나 지난 지금까지도 정원형 조경(식재) 설계는 공무원에게 부담인데, 다름 아닌 유지관리 때문이다. 아직까지 공공의 녹지관리는 전정기와 예초기가 그 중심이다. 군식된 관목과 초화류를 전정기가 선두에서 거칠게 쳐내면 예초기가 바닥을 사정없이 난도질하고 그 남은 잔해를 블로어(송풍기)로 불어 마대자루에 담는 식이다. 드넓고 산재된 공간에 관리 인력은 늘 모자라니, 빠른 시간 내 많은 구역을 헤집으며 이동해야만 한다. 이마저도 2~3개월이 지나면 도로 잡초밭이 될 수밖에 없어 '다람쥐 쳇바퀴 돌 듯'이란 표현이 적확한 상황.

정원으로 조성된 공간은 관리 방식이 전혀 다르다. 2024

2019. 서울 정원 박람회
정원…
무엇이

년 6월 말 자연주의 정원으로 이름 높은 제주 베케정원을 동료 직원들과 함께 방문했을 때 해주신 김봉찬 더가든 대표의 말이 떠올랐다. "잡초는 잘 뽑지 않아요. 힘도 들지만 억지로 뽑아내면 그 땅이 비워지면서 다른 잡초가 싹이 터 올라오죠. 작은 낫으로 잡초 중간을 툭툭 끊어 기세를 잠재워요. 잡초가 주춤하는 그 사이에 우리가 원하는 식물이 햇볕을 받으며 캐노피를 장악하죠." 사실 잡초도 흙을 일구고 표토의 유실을 방지하는 등 생태계의 일원이기에 정원 식물이 잘 자리 잡는 수준 안에서 지혜롭게 제어하는 것도 필요한데, 분절된 크고 작은 공간을 효율적으로 관리해야만 하는 공공에선 선뜻 적용하기 어려운 현실이다.

결국 정원 관리는 전문가의 손길이 필수적이다. 우선은 당초 설계와 시공을 담당했던 가드너가 조성 직후부터 한시적이나마 주기적으로 관리에 참여하는 것이 설계 의도를 지속하는 데 효과적이다. 그 공간을 늘상 관리하는 현장관리팀이 이 과정에 함께 결합하며 자연스럽게 관리의 연속성이 구축되어야 한다. 더불어 현장관리팀의 개별 근로자에겐 지속적인 가드닝 교육과 실습이 오랜 기간을 두고

뒤따라야 하는데, 1년 단위로 채용하는 시스템이 걸림돌이기도 하다. 여기에 한걸음 더 나아간다면 인근에 거주하는 주민들이 직접 가드너 교육과 현장 실습을 받고 계절마다 지역의 정원을 가꾸어 나가는 것이 베스트 오브 베스트다.

주민 가드너의 대표적 사례가 2013년부터 서울시에서 시행중인 '시민정원사' 제도다. 기본 교양교육에 해당하는 시민조경아카데미는 2024년까지 2,949명을 배출하였고, 1년 가까운 기간에 걸쳐 180시간의 가드닝 이론 및 실습 교육을 받는 시민정원사 양성과정을 모두 마치신 분들도 756명에 이른다. 양성된 시민정원사들은 (사)서울시민정원사회 회원으로, 구청이나 각 공원의 가드닝 자원봉사자로, 기존 정원박람회장의 정원 관리자로, 가드닝 전문강사 등으로 맹활약 중이다. 2024년 뚝섬한강공원에서 개최된 서울국제정원박람회장에도 주기적으로 정원관리 자원봉사에 참여하며 오롯한 행사 주체의 하나로 자리매김할 정도.

자치구도 시민정원사를 활용한 정원 조성 및 관리에 적극적이다. 서울 양천구의 경우 2021년 7월 서울시에서 기 양성한 시민정원사 중 양천구에 거주하는 21명을 양천구 정원친구(자원봉사자) 1기로 위촉한 뒤, 첫 프로젝트로 신정3동 신정허브원을 조성하며 주민 가드닝 자원봉사를 시작했다. 4년차인 현재까지 총 3기 49명의 정원친구가 양천구청역 앞 해누리정원 등 양천구 관내 9개 매력정원 조성·관리를 자원봉사로 진행했는데, 2023년 한 해 92회 1,136시간 동안 활동했을 정도다. 여기에다 그린페스티벌, 반려식물 분갈이 서비스 등 각종 관련 행사에도 적극 참여하고, 이와 병행해 전문가의 특강과 실습 등 역량 강화 교육을 주기적으로 받음으로써 자칫 매너리즘에 빠지기 쉬운 자원봉사 활동을 보완하고 있다. 영등포구에서도 2023년부터 다종다양한 정원 조성 사업에 시민정원사를 적극 활용하는 등 그 흐름이 확대되는 추세다.

정원도시가 단순히 정원을 많이 만드는 방식으로만 이룩될 수는 없을 것이다. 도시 전체가 계획 단계마다 녹지를 충분히 확보하고 숲과 녹지와 수계를 이어나가는 네트워크를 통해 생물다양성과 보행성을 높여야 한다. 자연지반을 확보하여 비옥하게 관리하는 한편으로, 인공지반을 최

2025 서울국제정원박람회, 보라매공원

대한 자연에 가깝게 만들어 적극 활용해야 한다. 가로와 건축물을 더 정원친화적으로 유도하고 공공에서 가정까지 크고 작은 정원이 빼곡한 그물망처럼 도시를 점령해 나간다면 일견 멀게만 느껴지는 정원도시라는 미래도 충분히 가능할 것이다. 하지만 더 중요한 것은 도시 구성원 모두가 이러한 비전을 함께 공감하고 공유해 나가는 컨센서스다.

그러하기에 좀 더 자주 정원도시를 이야기하고 논쟁해야 한다. 1902년 영국의 사회개혁가인 에베네저 하워드Ebenezer Howard가 주창한 정원도시가 지금의 비전과 같을 수는 없기 때문이다. 조경가가 계획하고 정원사가 만들고 가꾸는 정원도시Garden City라는 현실적 개념 또한 선언적 수준에서 벗어나 참여와 실천에 방점을 둔 가드닝 시티Gardening City로, 또다시 모든 시민이 정원사로 활약하는 정원사의 도시Gardener's City로 확장되어야 한다. 체계적 시민 교육을 바탕으로 모든 시민이 정원사가 되어 정원과 공원과 도시를 가꾸는 초록한 정원도시를 상상해 본다.

조경가가 계획하고 정원사가 만들고 가꾸는
정원도시라는 현실적 개념 또한
선언적 수준에서 벗어나
참여와 실천에 방점을 둔 가드닝 시티로,
또다시 모든 시민이 정원사로 활약하는
정원사의 도시로 확장되어야 한다.

SIGS
서울국제정원박람회
SEOUL INTERNATIONAL
GARDEN SHOW

나대지로 버려지다시피 했던
녹지대들이 변모하면서
이용객들에게 큰 변화감을 주었다.
작가정원과 기업정원들이
일정 간격으로 큼직하니 자리 잡고,
그 사이를 학생정원과 연결 식재가
모자이크처럼 메우고,
벤치와 평상과 피크닉 테이블이
실핏줄처럼 이어지면서
세련되고 짜임새 있는 공간으로
일순 바뀐 것.

2025 서울국제정원박람회 작가정원 보라매공원

2025 서울국제정원박람회라는 변곡점

2025년 5월 22일 서울 동작구 보라매공원에서 개막한 2025 서울국제정원박람회는 여름을 관통하며 여전히 성업 중이다. 개막 50일째인 7월 11일 기준으로 방문객 400만 명을 돌파하며 목표인 1000만 명을 향해 순항중이고, 정원박람회를 계기로 펼쳐진 지역 거점공원의 대변신에 대해 주민은 물론 전문가들도 상당 부분 호의적이다. 주제로 내건 'Seoul, Green Soul'을 비틀어 해석하면 '정원에 미친 서울' 정도일 텐데, 이에 걸맞는 형식과 내용을 어느 정도 갖추었기에 너그럽게 평가해 주시는 것이라 자평한다.

1985년 기존 공군사관학교가 청주로 이전하고 다음 해인 1986년 5월 5일 개원한 44만㎡ 규모의 보라매공원은 동작구에 위치하지만 정문 너머 북쪽은 영등포구, 남쪽으로는 관악구에 면하고, 구로구와 금천구는 서남쪽으로 1㎞ 이내에 위치해, 서울 서남권에서만큼은 중심 거점공원으로 공고한 위상을 갖는다. 2002년 재정비계획을 수립한 후 편의시설, 체육시설, 놀이시설 등을 지속적으로 개선해 왔고 신림선 개설로 인한 변화도 겪었지만, 서울국제정원박람회 개최로 인해 올해 봄 단기간에 일어난 변화는 그간의 변화를 기억에서 모두 지울 만큼 압도적이다.

전체 공원 면적 중 서측 와우산과 북측 임야는 빼더라도, 도로, 체육시설, 건축물 등을 제외한 거의 모든 녹지대가 정원형 식재로 변모했다. 대략 4만㎡ 이상의 녹지대가 바뀌었는데, 특히, 잔디광장 주변으로 플라타너스 등 큰 나무 아래에 그간 나대지로 버려지다시피 했던 녹지대들이 모두 다양한 주제 정원과 휴게공간으로 변모하면서 이용객들에게 큰 변화감을 주었다. 작가정원과 기업정원들이 일정 간격으로 큼직하니 자리 잡고, 그 사이를 학생정원과 연결 식재가 모자이크처럼 메우고, 바Bar 타입 벤치와 평상과 피크닉 테이블이 실핏줄처럼 이어지면서 세련되고 짜임새 있는 공간으로 일순 바뀐 것.

사실 한정된 박람회 예산이야 해마다 크게 다르지 않으니, 기존 초청정원, 작가정원, 시민·학생정원의 규모는 엇비슷할 수밖에 없다. 결국 작년 뚝섬한강공원에 비해 2배로 커진 보라매공원을 채우는 건 다양한 기업정원과 기관정원, 타 지자체정원의 몫이 될 수밖에 없는 구조다. 2024년 7월부터 참여를 희망하는 기업, 기관, 지자체와 협의에 협의에 협의에 협의를 거친 끝에, 총 41개 기업, 기관, 지자체 등이 22,675㎡의 정원을 새로이 조성해 주셨다. 정원박람회 공식 정원이랄 수 있는 초청·작가·학생·시민정원의 총 규모인 32개 정원 2,975㎡의 7.6배에 달하는 엄청난 면적이며, 금액으로도 50억 원에 달한다.

작년 행사에 참여했던 9개 기업 중 5개의 기업이 올해 보라매공원에도 기꺼이 참여했고, 16개 기업은 새로운 가능성에 베팅해 주셨다. 특히, 업비트라는 암호화폐 거래소를 운영하는 두나무는 회사의 정체성에 기반한 디지털정원이라는 새로운 시도를 성공적으로 시행 중이며, 공원 인근

2025 서울국제정원박람회 작가정원, 보라매공원

2025 서울국제정원박람회 기업정원, 보라매공원

에 본사가 위치한 농심의 경우에도 적극적으로 기업정원을 조성한 것은 물론 지속적인 자원봉사와 문화 이벤트도 손수 진행하고 있다. 첫 명품 브랜드의 참여로 화제가 된 디올정원도 정영선 조경가의 설계를 통해 어쩌면 가장 밋밋하고 길쭉했던 대상지를 오로지 식물의 힘으로만 끝까지 밀어붙인 역작을 선보이며 행사의 품격을 한껏 끌어올렸다.

이외에도 현대백화점, 천일에너지, 카카오뱅크, 깨끗한나라, 기업은행, 헨켈, 동양생명, KB증권, 경동나비엔, AIA생명, 메이플트리, 대우건설, 이브자리, 벤츠, KB손해보험, 포스코, 멜론 등 기업들이 최고의 정원을 조성하기 위해 애써주셨고, 평화의숲, 아이들과미래재단, 생명의숲 등 다양한 NGO도 조력한 결과 총 12,843㎡의 기라성 같은 기업정원이 공원 곳곳에 펼쳐졌다.

'순환하는 원, 생태정원'(국립생태원)이나 '우장춘의 정원'(국립원예특작과학원), '새송이 물망초의 연못'(통일부) 등 정부기관의 정원도, 복福정원을 조성한 한국은행을 비롯해 아시아산림협력기구AFoCO 같은 기관정원, 부산광역시, 진주시,

서귀포시, 정선군, 춘천시의 지자체정원도 각자의 브랜드
를 바탕으로 수준 높은 정원을 조성해 주셨다. 여기에다
서울시 여러 부서에서 해치의 마법정원, 디딤돌정원, 서울
달정원, 기후동행탄소정원, 9988맨발정원, 청년기지개정
원, 탄생응원정원, 미리내집정원을 조성해 정원을 통한 정
책 홍보라는 새로운 영역을 개척하기도 했다.

4월 초부터 개막일 사이에 111개에 달하는 정원이 한꺼번
에 조성되다 보니, 정말 우리나라의 모든 정원 디자이너,
정원 및 조경시공 전문가들이 보라매공원에 총출동하는
진풍경이 펼쳐졌다. 대한민국 K-정원의 모든 역량이 보라
매공원에서 1달여 동안 경쟁적으로 집중되면서 질적인 수
준 또한 작년에 비해 크게 높아진 것. 박승진 조경가의 '제
3의 트랙'을 걸으면 공기의 밀도가 주변과 다르고, 마크 크
리거의 Aviators Garden에는 나비와 벌의 밀도가 다르
다. 공모를 통해 당선된 5개의 작가정원 하나하나가 자연
의 순환을 일깨우고 기후위기에 대응하는 도시 속 '세 번
째 자연'으로써의 정원을 멋지게 구현해 주셨고, 시민·학생
정원 또한 예년보다 수준이 너무 높아져 작은 작가정원이
라 칭해도 무리가 없을 정도다.

개막 이후 평소보다 2~3배 이상의 방문객이 보라매공원을 찾다보니 주변 상점을 방문하는 이용객수가 34% 가량 증가하고, 매출액은 23%나 늘었다. 박람회장 내에서 운영 중인 푸드트럭, 정원마켓 판매부스, 지역장터, 정원카페, 장애인 생산품 판매점 등도 호황이다. 미술관 큐레이터 등 다양한 전문가들로 구성된 도슨트 프로그램은 깊이 있는 해석으로 정원을 한층 밀도 있게 즐기게 해주고, 여행하는 돌 등 다양한 체험 프로그램도 상시 이어진다. 무더위에 대비해 쿨링포그도 21개를 추가 설치하고, 물놀이장, 계류, 분수대를 풀가동 하지만, 현명한 방문객의 상당수는 밤 8시 이후 아름다운 야간조명 아래에서 정원을 즐긴다.

어떤 행사도 칭찬 일색일 순 없으며, 비판 없이 더 큰 발전을 기대할 순 없다. 행사 기간이 길어지면서 임팩트 있는 행사 수준을 지속적으로 유지하기 어렵다는 점이나, 작년 디즈니 정원이나 올해 메타몽 정원과 같은 캐릭터 정원 활용에 대한 고민도 있다. 작가정원에 국한된 도슨트 프로그램의 한계뿐 아니라 정원박람회를 포괄하는 다양한 층위의 해설 방법도 요구된다. 무더운 여름에는 물리적으로 방문하기 어렵다는 현실적 고려도, 공원에 갇히는 형태가 아닌 도시로 더 확산하는 박람회를 기대하는 의견도 있다. 시민 참여를 더 확대하고 정원박람회 자체가 시민정원사 육성의 장으로 활용되길 바라는 당연한 의견도, 공원이 갖는 비움과 여유의 공간을 정원으로 가득 채워내는 박람회 방식에 대한 근본적인 불만도 있다. 모두 일리 있는 지적이고 숙고해서 답해야 할 것이다.

한 발 더 나간다면, 정원박람회가 정원도시를 완성하기 위한 비전을 공유하는 플랫폼으로 활발히 작동되길 상상한다. 학회와 연구회, 연구기관들의 각종 발표회, 전시회와 치열한 토론회가 상시적으로 벌어지고, 정원 디자이너뿐 아니라, 플로리스트, 육종 및 재배전문가, 분류학자 등 관련 전문가들이 각기 주인공이 되는 자리가 되길 바란다. 나아가 기후위기에 대응하는 모든 이들이 박람회의 지붕 아래 함께 머리를 맞대는 모습까지도. 또한 서울이 가진 이점을 활용해 다른 도시나 지역을 지원하는 방안도 긴밀히 강구되어야 할 것이다. 광범위하게 기업들이 참여한 것도 '서울'이기 때문일 가능성이 높은 만큼, 박람회를 계기로 어떻게 협조하고 지원할지 고민하고 또 실행해야 할 것이다.

'정원도시, 서울' 정책의 주요 사업으로서 서울국제정원박람회의 위상은 공고해졌다. 적은 예산으로 짧은 시간 내에 지역에 파급력을 줄만큼의 큰 변화를 만들었다는 성과적인 측면도 있겠지만, 이러한 성과가 지속되고 더 확산되어야만 정원도시라는 목표에 더 다가갈 수 있을 것이란 기대 때문이다. 이를 위해서는 다양한 주체들이 자주 머리를 맞대고 치열한 토론과 숙의를 해야 한다. 올해로 10회째를 맞은 이 행사가 변곡점이 되어, 전국에서 목하 고민 중인 정원박람회와 정원도시의 새로운 비전을 함께 만들어 나가길 기대한다.

2025 서울국제정원박람회 작가정원, 보라매공원

매끈하고 완벽하게 통제된
시스템만으로 구축된 도시는
이상적인 도시가 아니라
이상한 도시일 뿐이다.
정원도시는 '정원'이 도시민에게
가장 소중한 '문화'로 자리매김할 때
비로소 도달할 수 있다

2025 서울국제정원박람회, 보라매공원 그늘목쉼터

정원도시는
시스템보다 문화가 먼저다

출장으로 일본 도쿄를 다녀왔다. 제10회 '한일 옥상녹화 기술 국제세미나'에 참석하기 위해서였다. 우리나라 사단법인 한국인공지반녹화협회와 일본 공익재단인 도시녹화기구가 2004년부터 격년으로 한국과 일본을 오가며 개최하는 행사로 서울시도 지속 참여했는데, 올해는 일본에서 우리를 초청하는 차례였다. 옥상정원이나 수직정원, 실내정원 등 땅이 아닌 인공지반에 녹지나 정원을 조성·관리하는 일은 일반적인 토양에 비해 급배수 설비 등 기술력과 식물 관리 측면에서 높은 전문성이 요구된다. 일본은 오랜 경험으로 축적된 높은 기술력과 경험이, 우리나라는 패

스트 팔로워로서 정책 사업 등 강점이 있었고, 지리적으로 또 생태적으로 가까워, 한일 간 교류는 서로에게 큰 도움이 되어왔다.

20년 넘은 교류에 밑거름이 된 분은 고 한규희 대표(어반닉스)다. 급작스레 고인이 되신 한 대표는 동아대와 지바대 대학원을 마친 뒤, 조경설계 회사를 거쳐 2000년부터 일본 재단법인 도시녹화기구에 근무했다. 이런 연유로 당시 시작된 한일 교류의 가교이자 중추가 되었다. 20년을 이어 온 '한일 옥상녹화기술 국제세미나'뿐 아니라, '한일 조경인 친선 축구대회'를 비롯한 각종 한일 학술 및 기술 교류를 코디네이팅하는 데 열과 성을 다해왔다. 2008년부터는 별도로 어반닉스를 설립해 다양한 정원 사업에 참여했고, 한남 더힐과 나인원 한남과 같은 공동주택 사업에 사사키 요지 등 유명 일본 조경가가 참여함에 있어 한국 측 파트너로 핵심적 역할도 수행했다.

이러한 교류는 한일 양측에 큰 자극이 되었다. 해양성 기후로 습도가 높고 겨울에도 따뜻한 도쿄는 한겨울에도 푸르름을 유지할 수 있는 다양한 식물을 채택할 수 있어, 서울에 비해 수직정원과 옥상정원이 발달했다. 특히, 서울 지역에서의 수직정원은 한파와 무더위 등으로 아픈 실패를 겪어 온 분야이기에, 우리 입장에선 기후를 원망하면서도 대안과 신기술에 목마를 수밖에 없는 현실이었다. 일본 측에서는 월드컵공원 등 서울시에 새로운 시장이 취임할 때마다 조성한 거점 공원이나, 청계천, DDP 같은 시 주도 대형 정책 사업에 큰 부러움을 표해왔다. 장기 불황에서 완전히 빠져나오지 못한 일본 공공 부문과 비교할 때 드문 사례였기 때문이다.

특별강연으로 서울시의 정원도시나 개방형 녹지, 입체공원 등 현재 주력하고 있는 녹지 정책을 소개하였을 때의 반응도 마찬가지였다. 서울시의 정책적 활력은 물론 시민 참여에 대해 특별한 관심을 보였다. 시민정원사나 마을정원사 양성, 정원 처방 등 녹색 치유 프로그램에 대한 질문도 있었고, 서울시 정책과 시민 부문의 활력에 대해 부러움을 여러 번 표했다. 이러한 측면은 참가자 구성에서도 느낄 수 있었는데, 일본 측에서는 주로 오랜 기간 활동해 온 원로 전문가분들이 주축이었다면, 우리는 다양한 관련 기업의 젊은 전문가들이 다수 참여했다는 차이가 있었다.

제10회 한일 옥상녹화기술 국제세미나
일본 키타미 후레아이 광장

일본 아자부다이힐스
일본 포트시티 다케시바

일본 측 전문가 입장에선 오래 공들여 발전시켜 온 특수 녹화 분야이지만, 그 미래가 불투명하다는 고민이 기저에 깔려 있었다.

하지만 우리도 만만치 않은 상황이다. 우리나라도 작년 말 65세 이상 노인 비중이 20%를 넘어서며 초고령 사회에 진입했다. 경제성장률도 1% 내외로 둔화된 흐름이 뉴노멀로 자리 잡았다. 결국 점점 떨어져 가는 사회적 활력을 어떻게 제고하느냐가 모든 관심의 초점일 수밖에. 시스템적으로는 AI나 로봇을 활용한 교육, 연구, 산업 시스템을 획기적으로 개선하는 것일 것이고, 문화적으로는 케데헌이 표상하듯 K-브랜드를 지속적으로 발굴·제고하고 또 확산시키는 것일 터다. 그러면서도 늘 외면하지만 벗어날 수 없는 '기후위기' 또한 이 복합 방정식의 상수다.

이런 생각이 꼬리를 물며 출장 내내 정원도시와 관련된 '시스템 vs 문화'를 고민하게 되었다. 고쳐 말하면 '하드웨어'와 '소프트웨어'라 표현할 수도, 도시의 '녹지 시스템'과 '정원 문화와 시민 참여'로 대치할 수 있을 터다. 첫 견학지인 도쿄시 세타가야구의 키타미 후레아이 광장에서부터 이러한 고민은 두드러졌다. 1994년 준공된 이 옥상공원은 오다큐 철도가 운영하는 철도차고지에 10m 높이 기둥을 설치해 그 위로 38,824㎡의 인공지반을 만들고 공원을 조성한 사례다. 30년이 지난 현재 나무가 울창하게 자라, 그 안에서는 이곳이 인공지반이라는 사실을 느끼기 어려울 정도로 잘 자란 숲이었다. 서울시 곳곳에서 이전 압력을 받는 다수의 차고지들을 생각할 때, 좋은 대안으로 삼을만했다.

하지만 30년 세월 동안 산책로 등 기반시설은 제법 낡았고, 일부 주민들과 어린이 위주 생태·놀이 프로그램이 운영되었으나, 전반적으로 한산했다. 관리나 리노베이션 비용을 부담할 지자체의 재정적 어려움이 우선일 테고, 10m 높이의 구조상 계단이나 경사로로 접근해야 하는 한계나 동측 고급 주택가와는 노가와강으로 단절된 이유도 있을 것이다. 다만, 기획부터 따지면 무려 35년 전에 이런 획기적인 시도를 했고 또 시스템으로 볼 때 성공적으로 녹지가 유지관리되고 있음에도, 지역과 주민의 입장에서 왜 이 공공 공간이 활발히 이용되거나 관리되지 못하는가 하는 의문이 들 수밖에 없었다.

이후 견학지들은 최근 추진된 도심 재개발지가 많았다. 초고층 오피스와 고급 주거빌딩, 상업시설들은 다양한 위계의 녹지들로 유기적으로 연결되어 누구나 이용 가능했다. 토라노몬힐스나 아자부다이힐스, 포트시티 다케시바 등은 눈이 휘둥그레질 정도의 옥상정원, 수직정원, 가로정원 등 세련된 녹지 시스템을 갖췄고, 다양한 위계에서 보행 동선도 꼼꼼히 연결됐다. 아자부다이힐스의 중앙잔디광장 주변 과수원과 텃밭이나 포트시티의 토종논을 포함한 '다케시바 신8경'과 같은 스토리텔링도 인상적이었다. 드높은 고층 건물들과 즐비한 명품 쇼핑몰 사이 녹지 공간은 세련된 도시민들과 수많은 외국인 관광객들로 문전성시였다.

풍부하고 세련된 녹지 시스템을 브랜드처럼 내세웠지만, 흔쾌히 공감되지는 않았다. 어마어마한 개발 비용을 감안하면 자본과 도시와 자연과 사람이 모두 만족하는 해법은 불가능에 가깝기 때문이다. 특히, 이러한 재개발지는 오래 정주한 원주민이 거의 없고, 새로운 고층 주거단지에 입주한 특별한 세대나 관광객 위주다. 새로운 '마을'을 만들고 싶었다던 아자부다이힐스 조성 콘셉트도 중앙 공공 녹지라 할 잔디광장을 뛰어놀던 어린이들은 개발지 내 국제학교 학생 일부와 관광객뿐인 현실 앞에선 빛이 바랬다. 민간이 추진하는 한계를 몇 번이고 감내하더라도 구축된 시스템에 걸맞는 주민들의 생활과 문화를 갖추는 것은 쉽지 않은 숙제다.

이러한 맥락들은 자연스럽게 서울시 정책에 대한 고민으로 이어졌다. '정원도시는 시스템인가 문화인가?'라고 묻는다면, 나 자신을 비롯한 대부분의 전문가들은 익숙하게 '시스템'을 먼저 떠올린다. 풍부한 숲과 녹지를 바탕 삼아 도로 및 건축물들과 유기적으로 연결된 그린 네트워크로 밑그림을 그리고, 화사한 정원 식물과 풍부한 생물다양성으로 채색된 도시를 상상한다. 이러한 도시 시스템은 어떻게 실현될 수 있을까? 예산을 충분히 확보한다고 실현되는 것은 아니다. 매끈하고 완벽하게 통제된 시스템만으로 구축된 도시는 이상적인 도시가 아니라 이상한 도시일 뿐이다.

도시의 녹지 시스템은 당연히 중요한 문제지만, 광범위한 정원 문화와 시민 참여 없이는 이루어질 수 없다. 결국 시민이 '정원도시'의 이상을 함께 꿈꾸고, 생활 속에 참여해 나가는 지난한 과정을 거쳐야 하는 이유다. 정원도시는 시스템보다 문화가 먼저다. 정원도시는 '정원'이 도시민에게 가장 소중한 '문화'로 자리매김할 때 비로소 도달할 수 있기 때문이다. 오랜 한일 교류를 통해 함께 꿈꾸고 서로의 나라를 발전시켜 온 지난한 과정이 묘하게 겹쳐 보였다.

도시의 녹지 시스템은
당연히 중요한 문제지만,
광범위한 정원 문화와 시민 참여 없이는
이루어질 수 없다.
결국 시민이 '정원도시'의 이상을
함께 꿈꾸고, 참여해 나가는
지난한 과정을 거쳐야 하는 이유다
정원도시는 시스템보다 문화가 먼저다.

2025 서울국제정원박람회 초청정원, 보라매공원